自然最好！車縫就OK

每一天都想背的

自然風帆布包

BOUTIQUE-SHA ◎授權

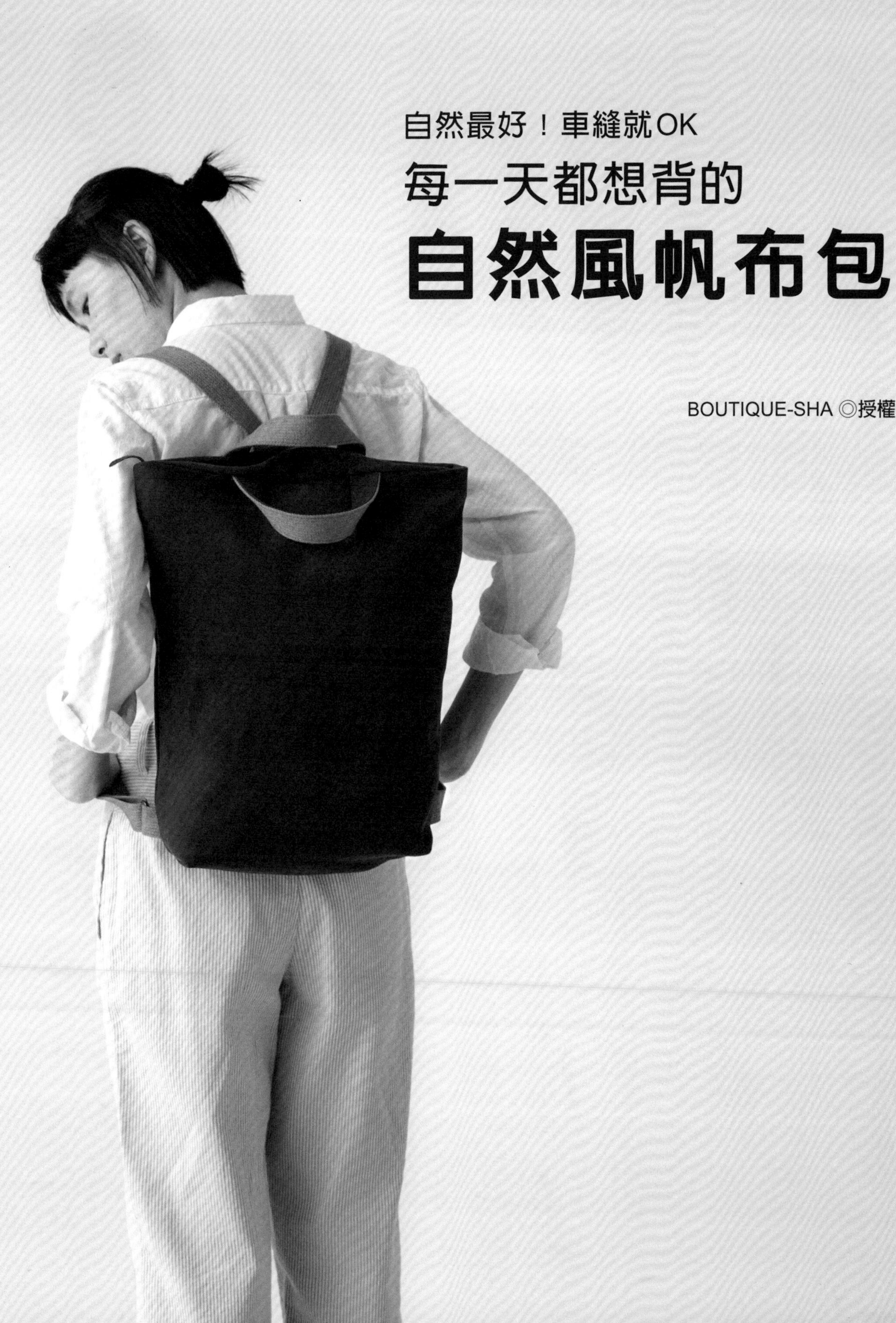

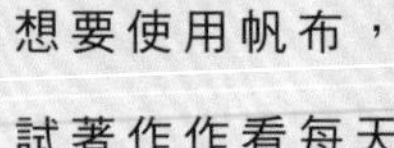

想要使用帆布，

試著作作看每天都想背的手作包嗎？

強度與耐用性都非常卓越的帆布，

作包包最適合不過了！

長時間使用過的痕跡而產生的復古韻味，

也是它的魅力之一。

本書收錄無論性別與年齡，

任何人都可以每天使用的包款，

集結眾多極簡風格的精緻設計，

都是可以使用家庭縫紉機裁縫製作的包款，

也不選用釘釦安裝工具與金屬釘釦等較繁瑣的金屬道具，

可以安心製作。

附有清楚的圖解作法流程，

對於製作帆布包感到不擅長的您，

請先從書中挑選喜愛的包款，

以輕鬆愉悅的心情嘗試試作看看吧！

CONTENTS

開始製作前

關於帆布包製作的基本知識＆必備工具

關於帆布

帆布以棉線或麻線平織而成，厚實的布材強韌耐用是它的特色。曾經作為船帆使用，所以被稱之為「帆布」。依照厚度的不同，分別有1至11號的種類，號碼越小越厚。本書的作品，配合家庭縫紉機方便車縫的厚度，因此採用8號與11號的帆布。

8號帆布

家庭縫紉機可以車縫的厚度以8號為止。比較有厚度，因此可以挺直站立。能夠完成較正式的作品。

11號帆布

帆布之中屬於較薄的，初學者也能輕鬆車縫的厚度，推薦用來製作扁平包等作品。

彩色帆布

色澤良好的彩色帆布。顏色種類眾多，可以用來裁切後重新組合排列，享受色彩繽紛的樂趣。

印刷帆布

被印刷成為橫條紋、格子等圖案的印刷帆布。除此之外也有花朵圖案與迷彩等各式各樣的圖案。

石洗加工

透過使纖維手感柔和的加工，與一般布料相比，更增添了溫和的風格。

復古懷舊風帆布

被加工成為使用過的復古懷舊感（以特殊鐵圈加工）的帆布。

關於縫紉機的車縫方法

進行車縫帆布時，車線與車針請換成厚布專用。11號帆布與普通的布料沒有什麼改變，可以正常車縫，但是8號帆布在車縫縫份與手把等厚度增加之處，請轉動縫紉機的手轉盤，必須以手轉的方式花功夫慢慢車縫。

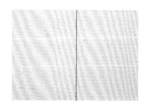

直線縫

為了要讓上線比下線的針目漂亮整齊，車縫時請將當成外側的那一面向上車縫。

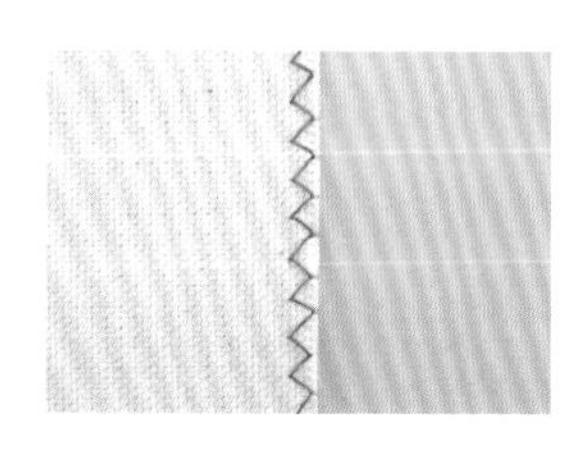

布邊拷克（Z字縫）

用於車縫布邊的拷克處理，布料太厚無法車縫時，縫份的邊端以直線車縫（於邊端車縫雙線）作為拷克處理。

關於工具

作記號

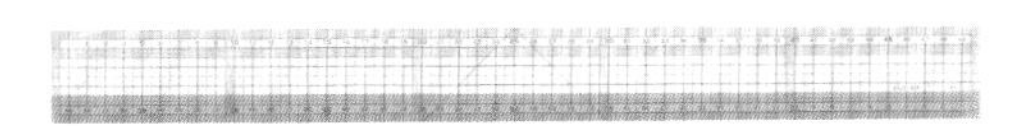

方格尺

可於布料上直接畫線，或測量尺寸時使用。

消失筆

用於畫線、作記號時使用。選擇過一段時間會自動消失的筆，會比較便利。

剪布・剪線

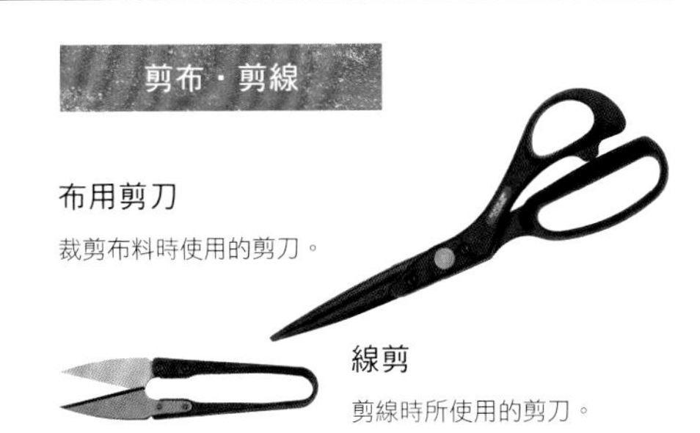

布用剪刀

裁剪布料時使用的剪刀。

線剪

剪線時所使用的剪刀。

縫合

縫紉機

本書中介紹使用家用縫紉機就可以車縫的作品，可以車縫直線並以Z字縫處理布邊的縫紉機即可。

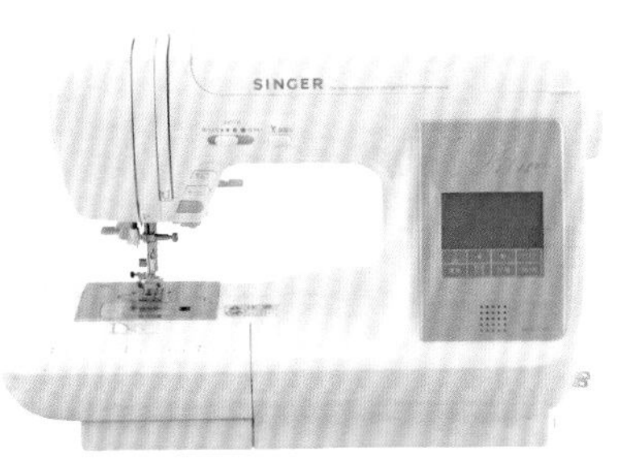
SINGER

#30
#30

車縫線

（Schappe Spun#30）

本書中的作品，全部都是使用厚布料專用的30號線。 色數也極為豐富。提供 / Fujix

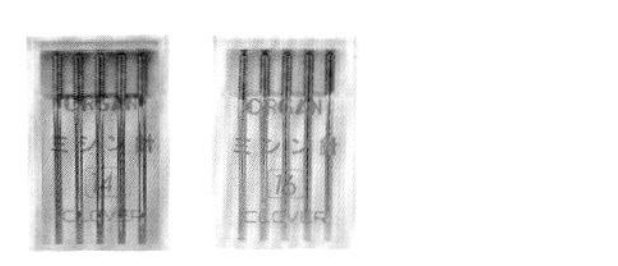

家用車針（14號）（16號）

使用厚布料專用的14號・16號針。號數越小的越細。

CLOVER

珠針

不只可以用來固定布料，也可以用來當成縫止點的記號位置。

錐子

用於拆除縫線，或將邊角整理整齊漂亮。

固定布料

超強力
布用両面テープ
3

雙面膠帶（3mm寬）

可用於口袋等的假縫，或是壓住縫份時使用。

疏縫固定夾

用於太厚無法以珠針穿刺固定的假縫部分，十分便利。

有它就很方便的工具

木槌

用於縫份等太厚的部分，可以將它敲平整。

橡膠板

使用木槌時，墊在布料的下面。

防止鬚邊

塗在容易鬚邊的布料邊端，防止鬚邊。

2mm壓布腳

可以車縫出2mm寬的漂亮車線。也可以當成拉鍊壓布腳使用。

1

基礎扁平托特包

初學者也可以簡單製作的扁平托特包，以色彩鮮豔的帆布製成的托特包，非常具有現代感。可以放入A4大小的書籍是基本款的尺寸。

作法/ P.6

帆布 / 調色盤系彩色帆布（清原）

製作 / 加藤容子

a
b

2

特殊手把托特包

主體部分是相同的紙型，變換了一下手把，就成為兩種造型的托特包，
挑戰不同的手把變化，賦予的印象就不相同了！

作法/ P.44
帆布 / 調色盤系彩色帆布（清原）
製作 / 吉田みか子

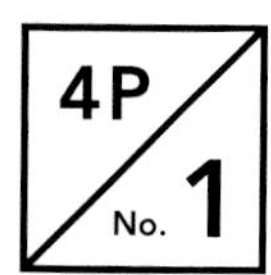
TO MAKE A BAG

LESSON 1

4P No. 1

基礎 扁平托特包

完成尺寸 直32cm 橫30cm

材料

【表布】

調色盤系彩色帆布（11號）G
90cm幅寬70cm

【使用的針與線】

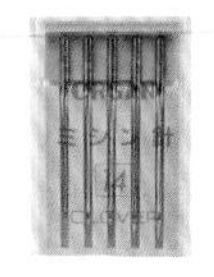

車針 14號

車線 30號
提供 / Fujix

表布裁布圖

・細線是裁切線，粗線是完成線。
・○裡面數字是縫份的尺寸，除了指定之外，縫份請預留1cm
・肩帶、口袋的位置，請參考本書的作法說明

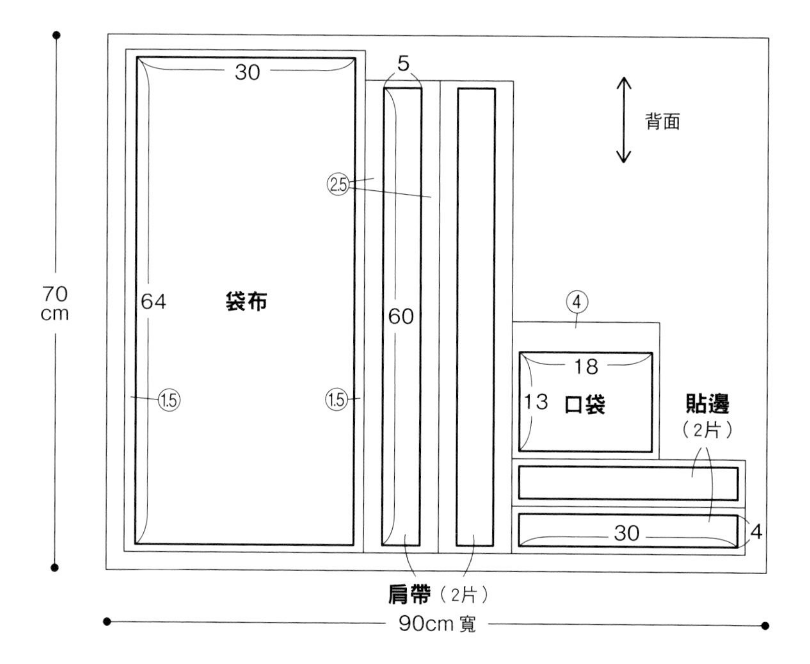
30
5
背面
2.5
70 cm
64
袋布
1.5
1.5
60
4
18
13
口袋
貼邊
（2片）
30
4
肩帶（2片）
90cm 寬

於布料上畫線裁剪

1 於表布的背面側以消失筆畫出裁切線。

2 將各部位裁片剪開。

裁布圖

袋布（1片） 肩帶（2片） 貼邊（2片）

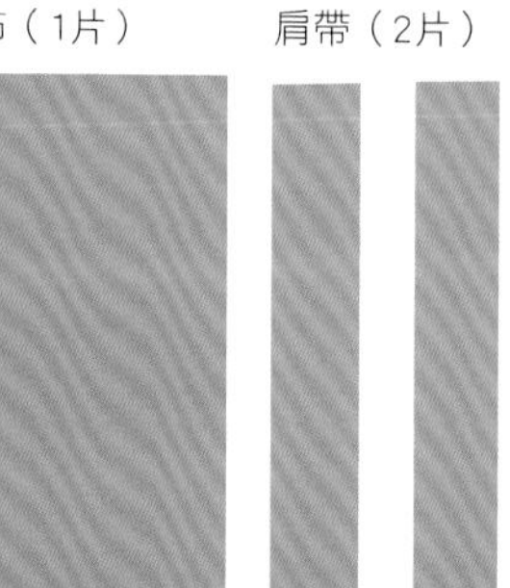

口袋（1片）

作法

・開始製作前，請先以縫紉機嘗試車縫。
・針目的大小，調節為2cm大約7針左右。
・開始車縫與結束車縫時都要回針。

※為了使針目看得更清楚，
使用與表布不同顏色的車線。

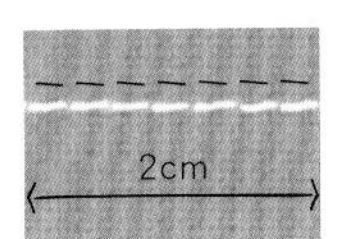
2cm

1 製作肩帶

1

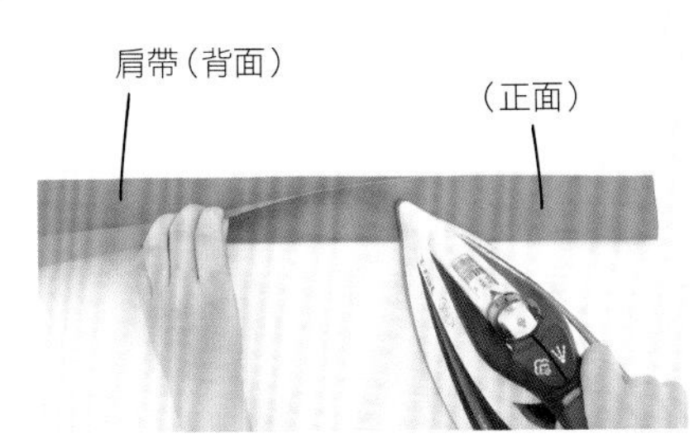
肩帶（背面）
（正面）

將肩帶對摺，並且以熨斗於中央熨燙出摺痕。

2

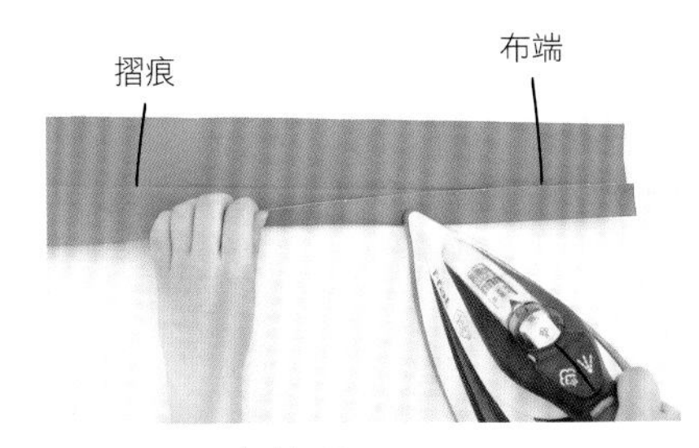
摺痕
布端

將布端對齊摺痕線摺疊。

3

相反側也同樣摺起來。

4

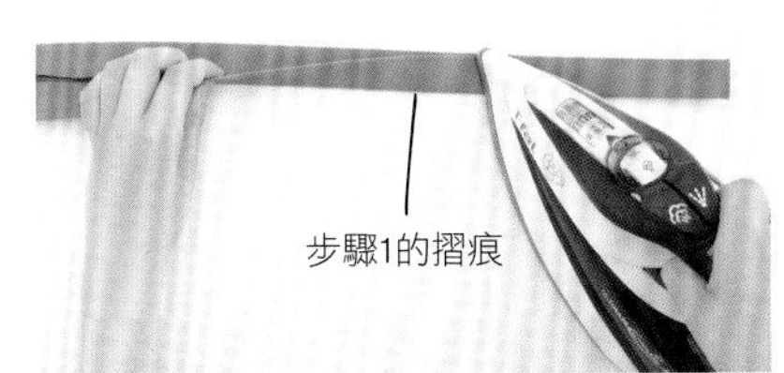
步驟1的摺痕

在步驟1的摺痕位置，摺成一半。

5

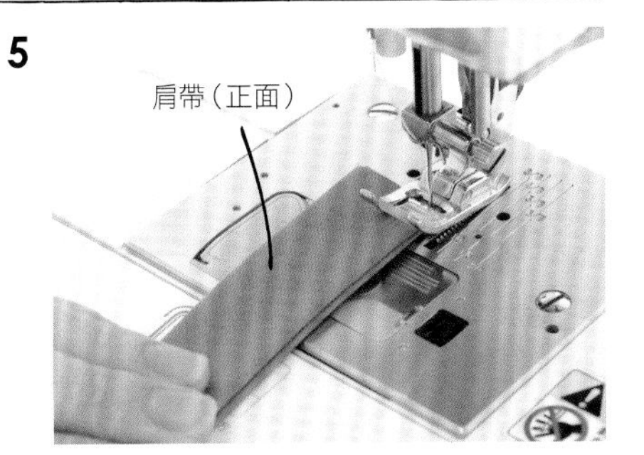
肩帶（正面）

肩帶的兩端進行車縫。從布端開始0.2cm的位置上車縫縫線。

6

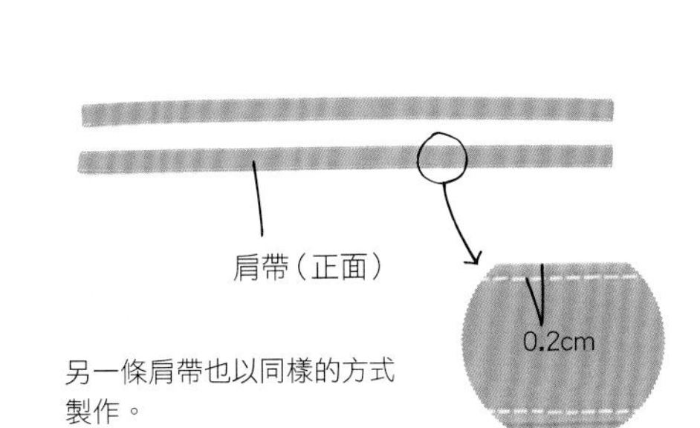
肩帶（正面）
0.2cm

另一條肩帶也以同樣的方式製作。

2 製作口袋

1

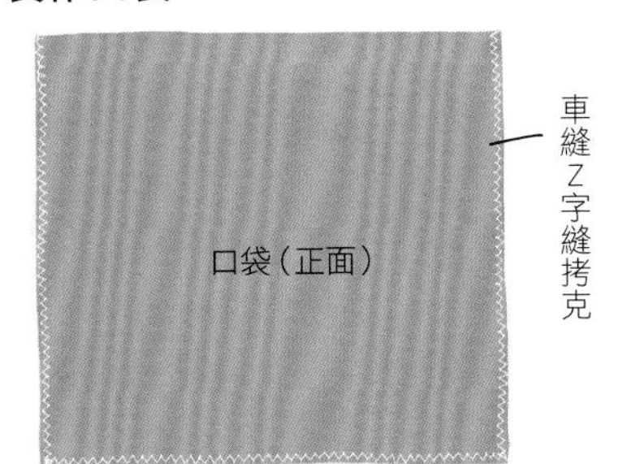
口袋（正面）
車縫Z字縫拷克

於口袋上車縫Z字縫拷克（袋口側的布端不車縫）

2

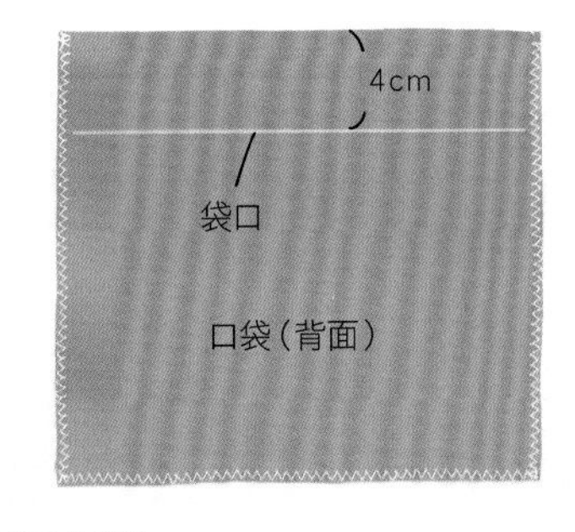
4cm
袋口
口袋（背面）

於袋口處畫線。

3

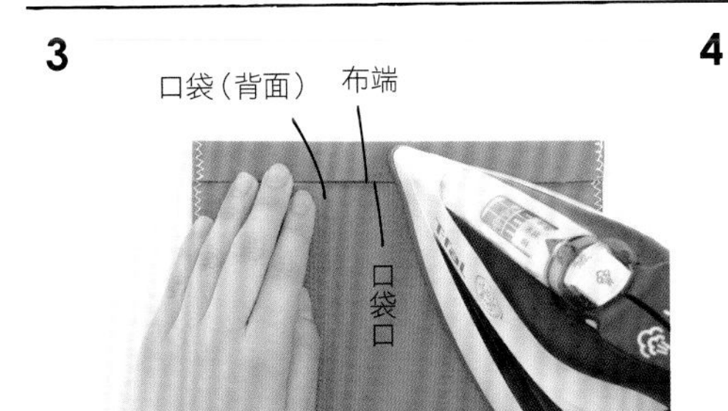
口袋（背面）
布端
口袋口

將布端對齊口袋口線摺疊起來。

4

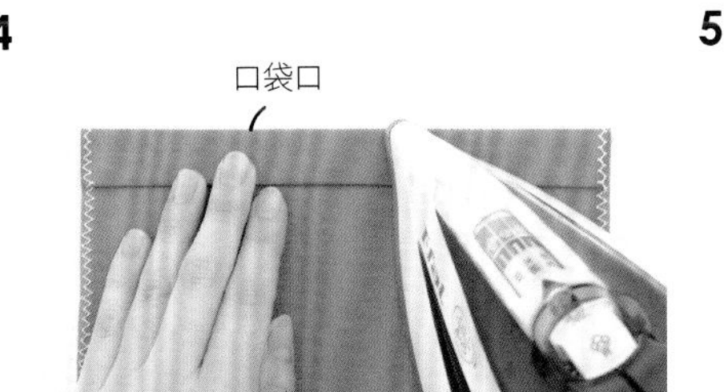
口袋口

口袋口的位置處再摺1摺。

5

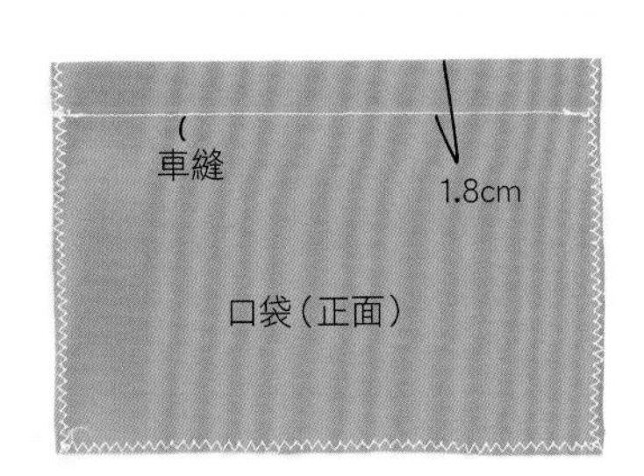
車縫
1.8cm
口袋（正面）

從口袋口下1.8cm處車縫（正面向上車縫針目會比較漂亮）。

6

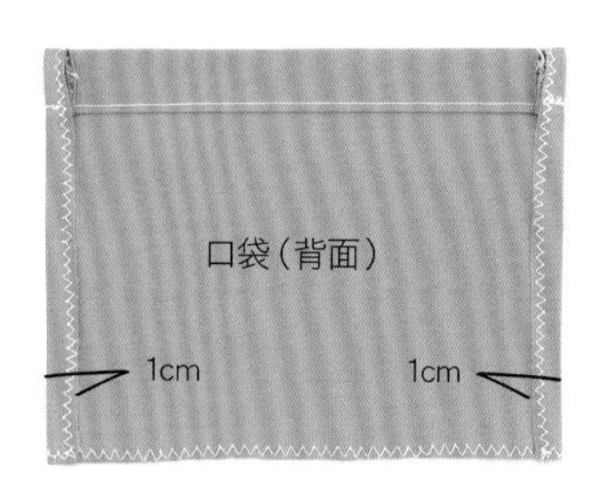

口袋（背面）
1cm
1cm

口袋兩端的縫份，以熨斗摺疊熨燙。

7

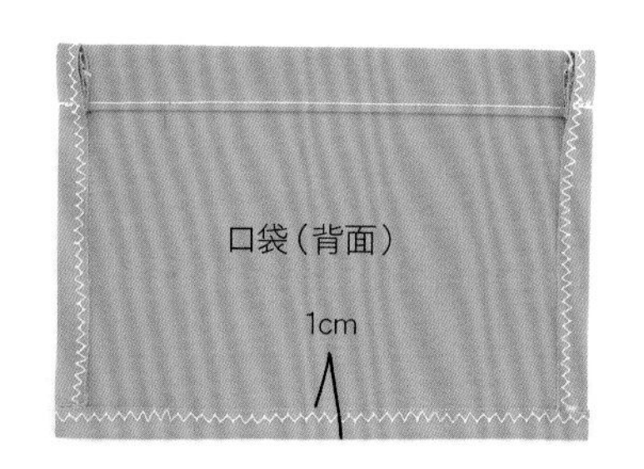

口袋（背面）
1cm

口袋下端的縫份，也以熨斗摺疊熨燙。

3 縫合固定口袋

1

口袋（背面）
雙面膠帶

布端貼上雙面膠帶。

POINT

口袋與肩帶進行假縫，可以使用雙面膠帶固定非常方便。要避開縫紉機的車縫位置貼合，但是，若不小心沾黏到車針，請以含有針車油的布料擦拭去除。

2

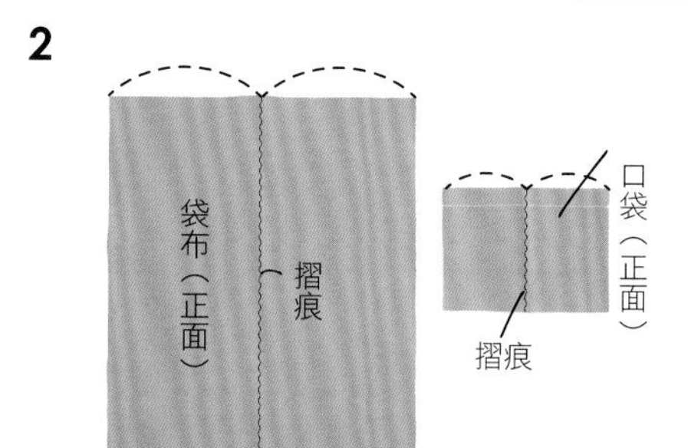

袋布（正面）
摺痕
口袋（正面）
摺痕

將袋布與口袋對摺，中心位置輕輕壓出摺痕。

3

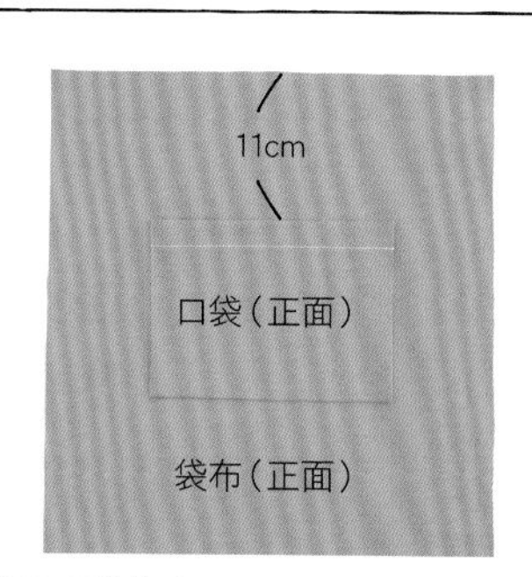

11cm
口袋（正面）
袋布（正面）

撕開雙面膠帶的貼紙，對齊摺痕位置，將口袋貼於袋布上。

4

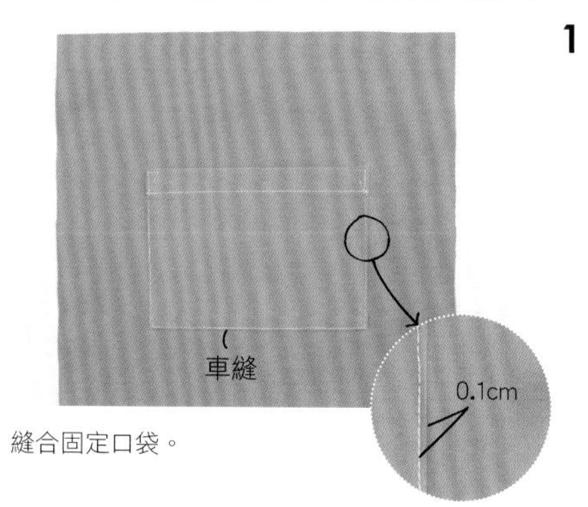

車縫
0.1cm

縫合固定口袋。

4 縫合袋布的脇邊

1

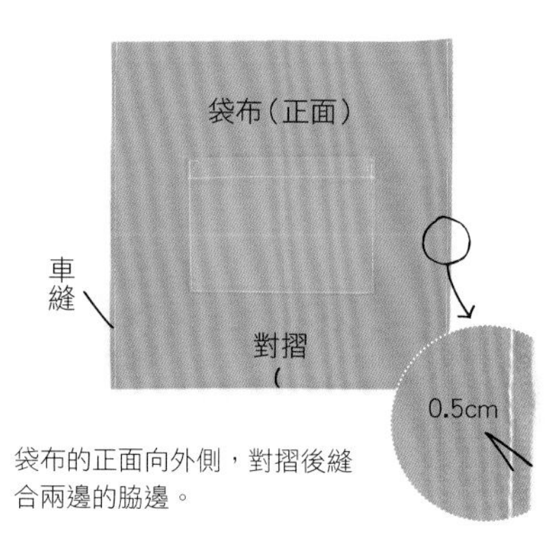

袋布（正面）
車縫
對摺
0.5cm

袋布的正面向外側，對摺後縫合兩邊的脇邊。

2

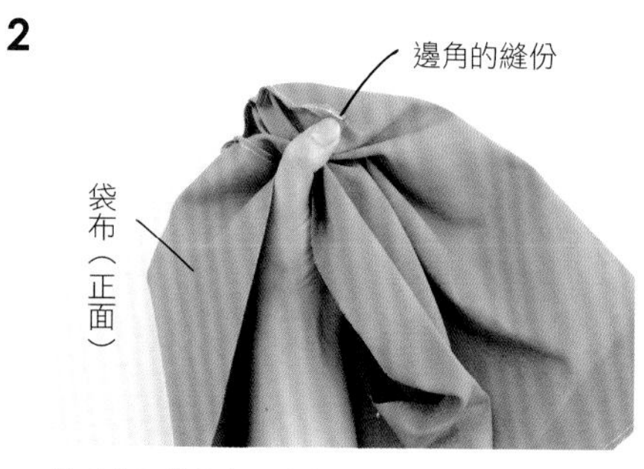

邊角的縫份
袋布（正面）

將手伸入袋布中，邊角的縫份以手指壓住。

3

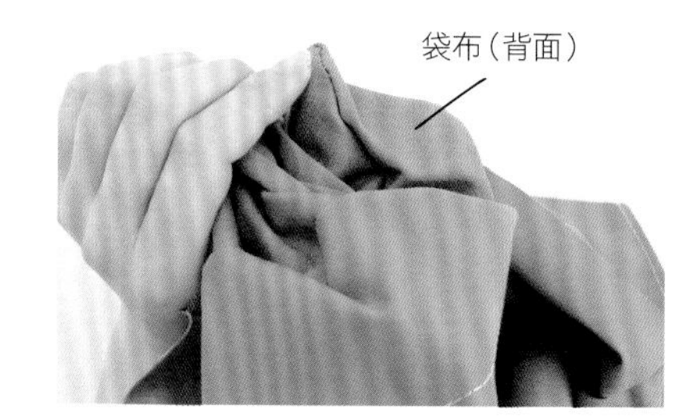

袋布（背面）

一邊壓著縫份，一邊將袋布翻回背面。

4

錐子

邊角的部分以錐子將形狀整理整齊。

5

袋布（背面）

車縫

1cm

從背面側再一次車縫脇邊。

6

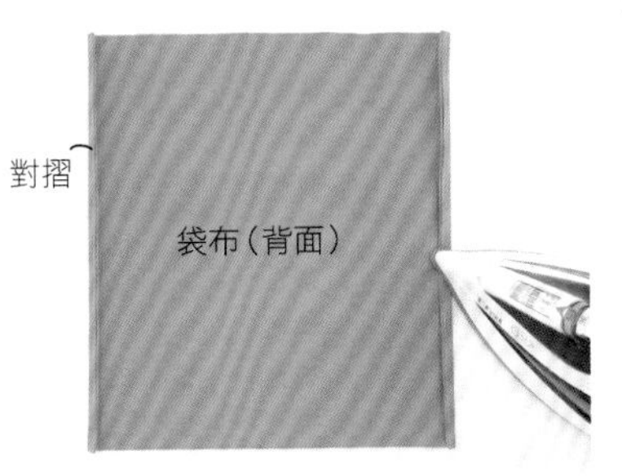
對摺
袋布（背面）

於步驟5的針目位置上，將縫份倒向後側（沒有口袋側）。

5 製作貼邊

1

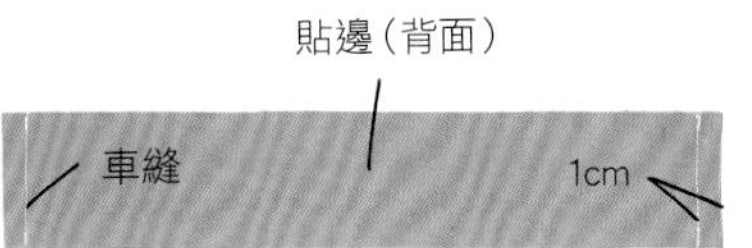
貼邊（背面）
車縫
1cm

將貼邊的正面相對疊合，縫合兩邊的脇邊。

2

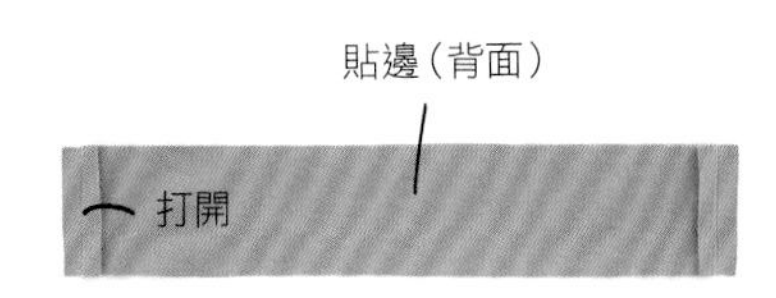
貼邊（背面）
打開

縫份以熨斗燙開。

3

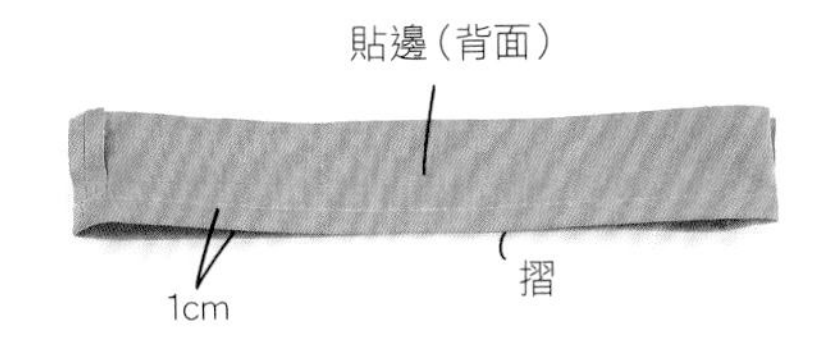
貼邊（背面）
1cm
摺

將貼邊的下端摺起。

6 縫合肩帶・貼邊

1

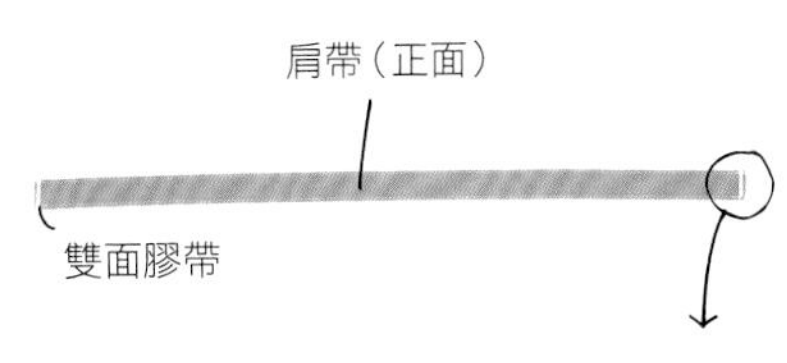
肩帶（正面）
雙面膠帶
雙面膠帶

肩帶的兩端貼上雙面膠帶。

2

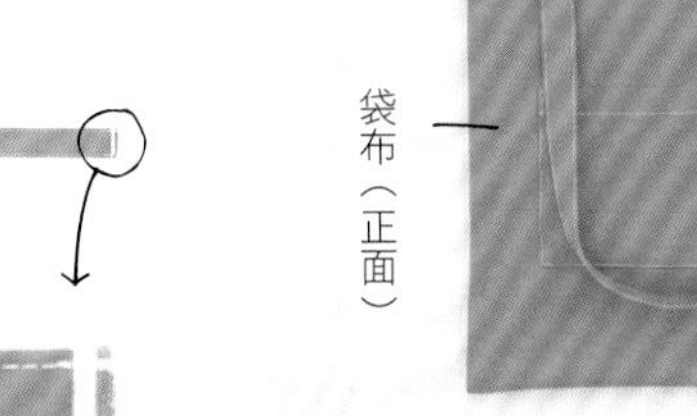
6cm
6cm
袋布（正面）
肩帶（正面）

將雙面膠帶的貼紙撕下，將肩帶貼合於袋布上。

3

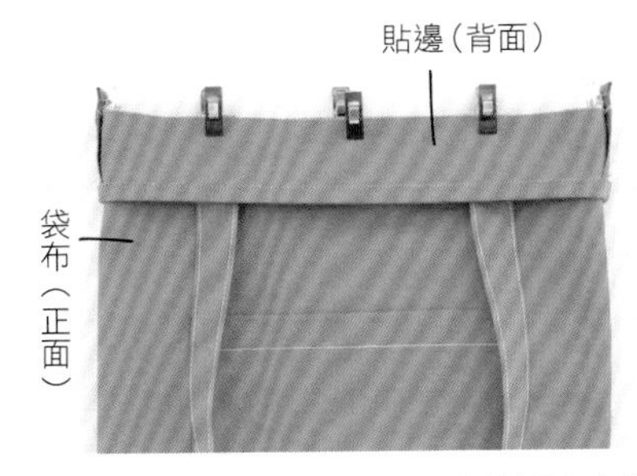
貼邊（背面）
袋布（正面）

將袋布與貼邊的正面相對疊合，以疏縫固定夾等固定。

POINT

布料較厚時，珠針難以穿刺，請以疏縫固定夾固定。肩帶等增加厚度的部分，也請確實地固定住。

4

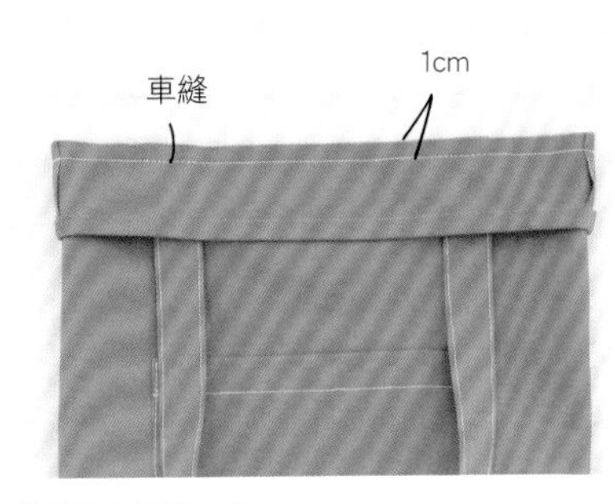
車縫
1cm

縫合袋布的袋口處。

5

袋布（正面）

將貼邊翻回袋布的背面，袋口處以熨斗整燙。

6

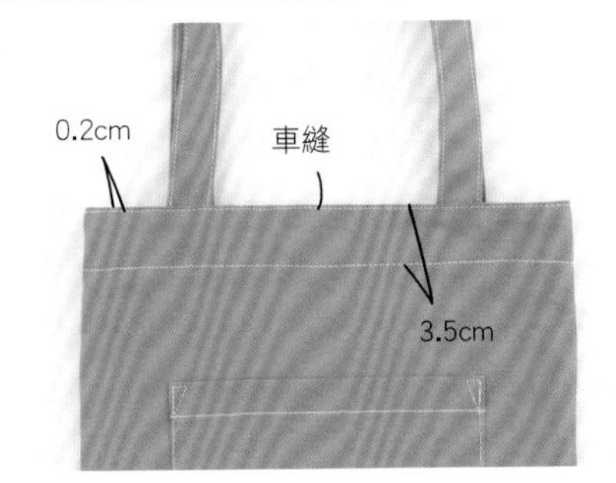
0.2cm
車縫
3.5cm

縫合袋口處

完成作品

3

摺疊式立體包

長方形的布料摺起來縫合的包包。
雖然看起來只是扁平的包，但是底部為兩摺式的，
裝入物品後就會變立體。
橫條紋圖案的布料斜放使用，變身成為有韻律感的設計。

作法 / P.46
帆布 / 8號帆布（銀河工房）
　　　8號帆布雙色橫條紋圖案（銀河工房）
製作 / 小林かおり

PENCILS

背心裙／ビュルデサボン

條紋褲／パーリッシィ

4

蓬鬆百褶包

將帆布摺疊成百褶狀縫合而成的托特包，
柔軟蓬鬆的伸展開來，
豐潤的輪廓非常可愛。
以薰衣草色系的布料製作，
呈現出少女風。

作法 / P.41
帆布 / 11號帆布（fabric bird）
製作 / 加藤容子

5

附口袋托特包

大大的外口袋很吸睛，
並有側面脇邊的托特包。
能盡情享受揮灑色彩所帶來的喜悅，
是簡潔大方而且富有童心的設計。

作法 / P. 48
帆布 / 調色盤系彩色帆布（清原）
製作 / 小林かおり

a

b

6

單手把托特包

展現個性的單手把托特包，
雖說簡潔但又別具精緻的形式風格是它的魅力所在。
可放入錢包與手機，
是短時間出門時恰到好處的外出包尺寸。

作法 / P.50
帆布 / 調色盤系彩色帆布（清原）
製作 / 渋澤富砂幸

7

基本款托特包

托特包的基本款，製作出大小不同的兩個尺寸。
a可以隨性的裝入雜七雜八的物品，當成平時使用包；
b則是外出到附近買個東西時使用。

作法 / P.16
帆布 / 8號帆布 富士金梅#8000（川島商事）
製作 / 金丸かほり

a
b

8

實用大容量包

收納能力超群的大容量設計，
當成媽媽包也很合適。
由於帆布堅固耐用，是令人想製作的包款之一。

作法 / P.52
帆布 / 8號帆布 石洗加工（銀河工房）
製作 / 寺田志津香

a
b
完成尺寸 a 直31cm 橫30cm 側身18cm
b直21.5cm 橫20.5cm 側身13cm

LESSON 2

TO MAKE A BAG

14P No.7

附側身 基礎托特包

材料

【表布】

a［8號帆布 富士金梅 #8000 原色（1）］75cm幅寬95cm
b［8號帆布 富士金梅#8000 青藍色（42）］55cm 幅寬70cm

【別布】

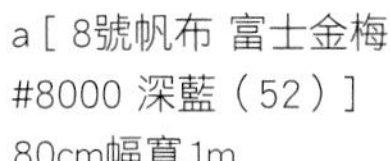

a［8號帆布 富士金梅 #8000 深藍（52）］80cm幅寬1m
b［8號帆布 富士金梅#8000 豆沙紅（48）］60cm 幅寬65cm

人字帶［2cm幅寬］
a 80cm b 60cm

【使用的針與線】

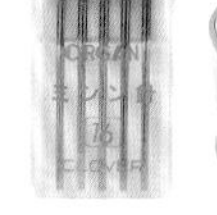

家用車針 16號
車縫線 30號
提供／フジックス

裁布圖

袋布（1片）
表布手把（2片）
裡布手把（2片）
口袋（1片）
底布（1片）

・裁剪方法請參考P.6

表布裁布圖

・細線為裁切線，粗線為完成線
・○之中的數字為縫份的尺寸。
除了指定之外縫份預留1cm。
・手把、口袋的固定位置，請參考作法說明。
※2段的數字為上段是b、下段是a。

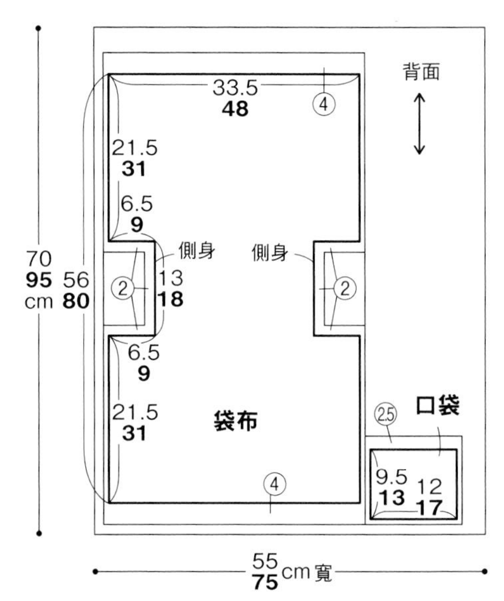
背面
33.5
48
4
21.5
31
6.5
9
側身
側身
2
13
18
2
70
95
cm
56
80
6.5
9
21.5
31
袋布
口袋
25
9.5
13
12
17
4
55
75
cm寬

別布裁布圖

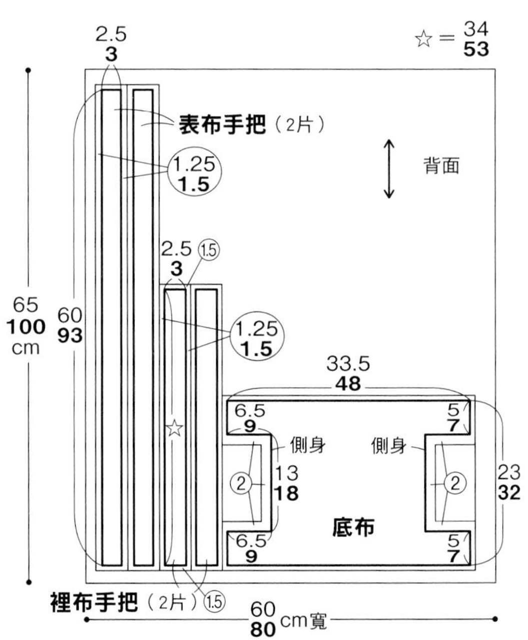
2.5
3
☆＝34
53
表布手把（2片）
背面
1.25
1.5
2.5
3
1.5
1.25
1.5
65
100
cm
60
93
33.5
48
6.5
9
5
7
側身
側身
☆
2
13
18
2
23
32
底布
6.5
9
5
7
裡布手把（2片）
1.5
60
80
cm寬

作法

- 開始製作前，請以縫紉機嘗試車縫。
- 針目的大小，請調整在1cm大約3針左右。
- 開始車縫與結束車縫處都要進行回針。

※為了方便讀者辨識，
針目看得更清楚，
將車線與表布
使用不同的顏色。

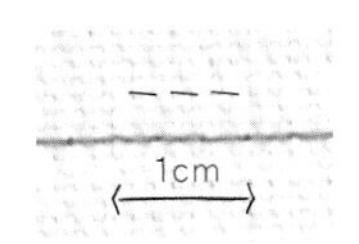
1cm

1 製作手把

1

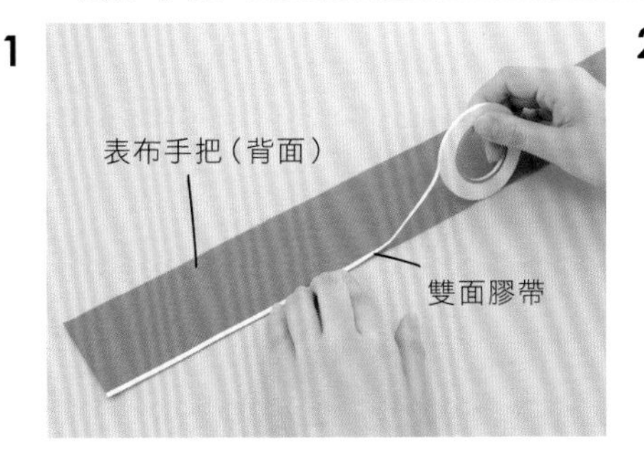
表布手把（背面）
雙面膠帶

表布手把的布端貼雙面膠帶。

2

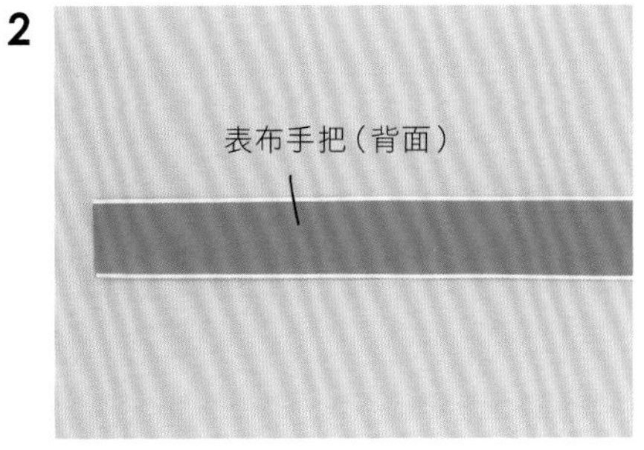
表布手把（背面）

相反側也貼合。

3

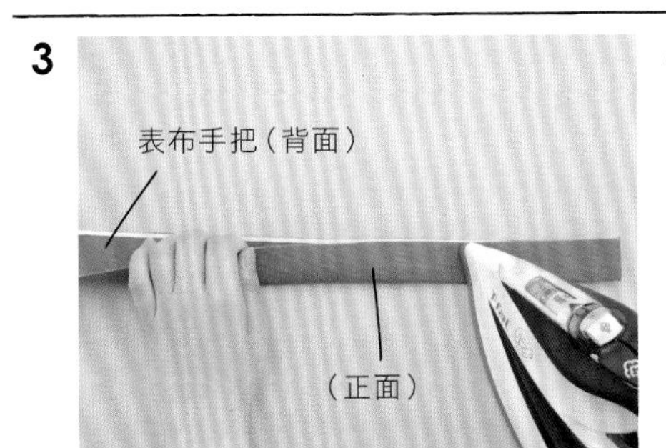
表布手把（背面）
（正面）

將表布手把對摺，並輕輕燙出摺痕。

4

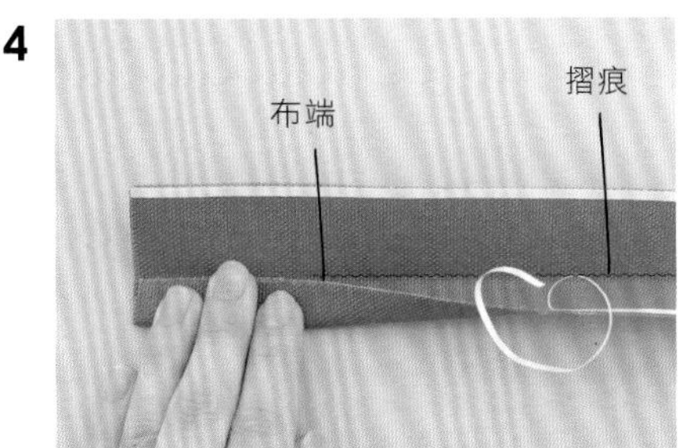
摺痕
布端

一點一點的撕開雙面膠帶的貼紙，將布端對齊摺痕處貼合。

5

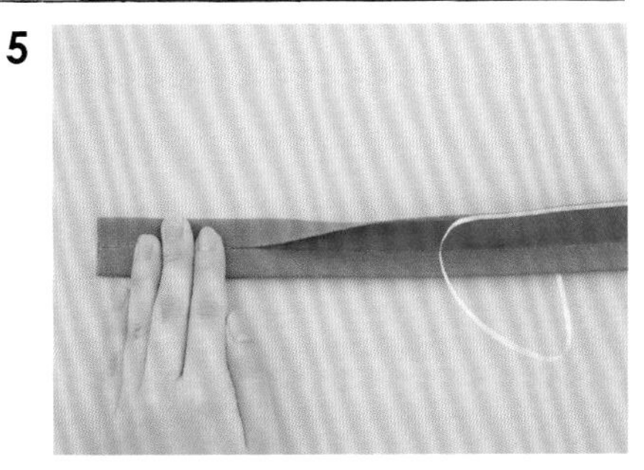

相反側也以同樣方式，將布端對齊摺痕處貼合。

6

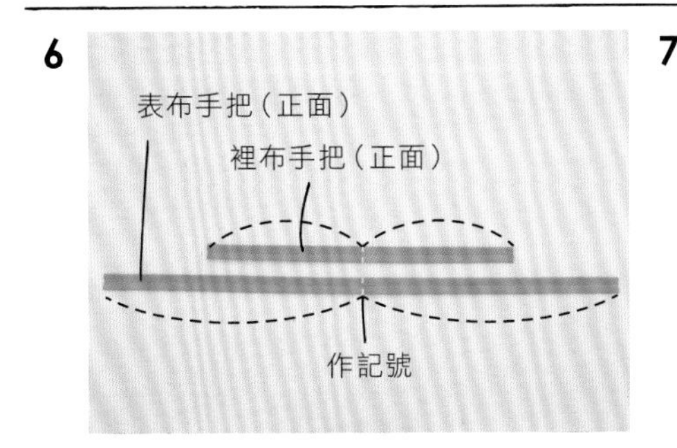
表布手把（正面）
裡布手把（正面）
作記號

裡布手把也以同樣方式製作，裡布手把與表布手把的中心作記號。

7

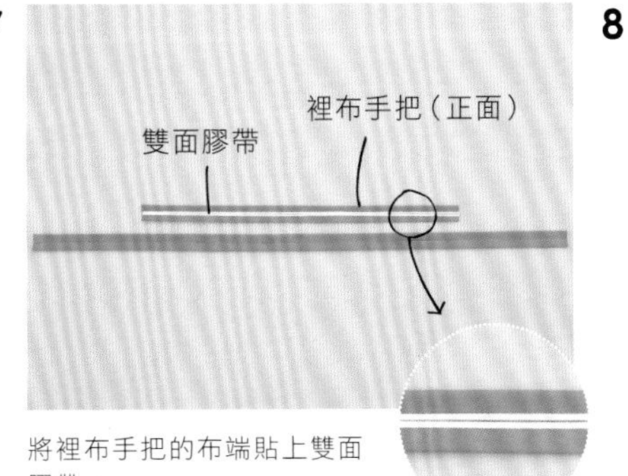
裡布手把（正面）
雙面膠帶

將裡布手把的布端貼上雙面膠帶。

8

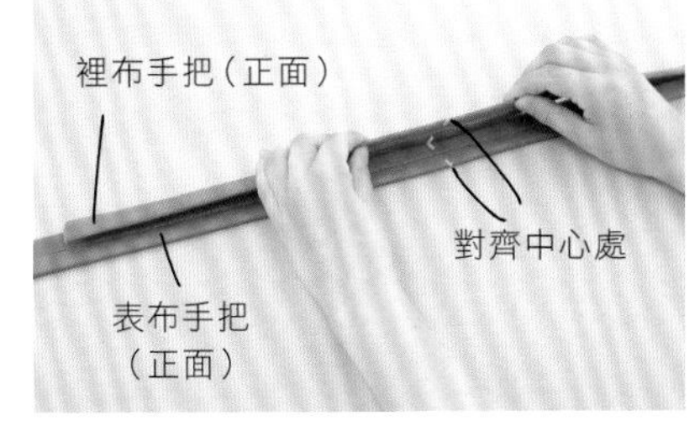
裡布手把（正面）
對齊中心處
表布手把
（正面）

撕開貼紙，將表布手把的中心與裡布手把的中心對齊貼合（看得到布端的一側相對貼合）。

9

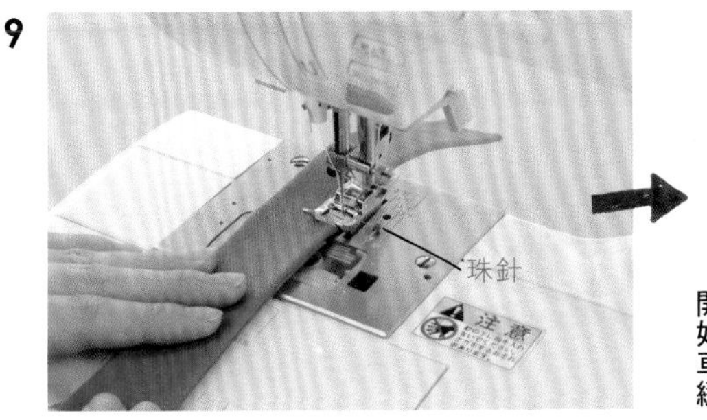
珠針

裡布手把的邊端位置開始向上1.5cm處固定珠針，從珠針的位置開始縫合兩端。

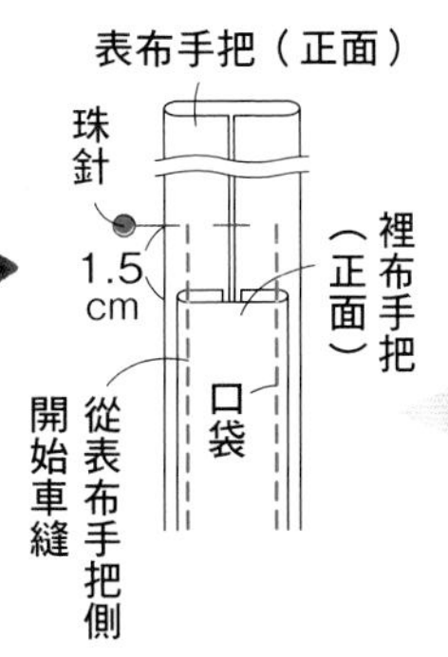
表布手把（正面）
珠針
1.5cm
裡布手把（正面）
口袋
從表布手把側開始車縫

POINT

若因為布料太厚沒有辦法順利車縫時，請將剩餘的布料摺成與手把相同厚度，夾在壓布腳下面車縫。

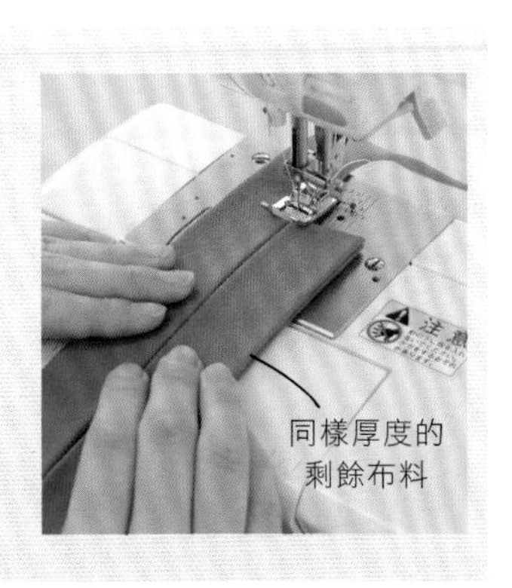
同樣厚度的
剩餘布料

10

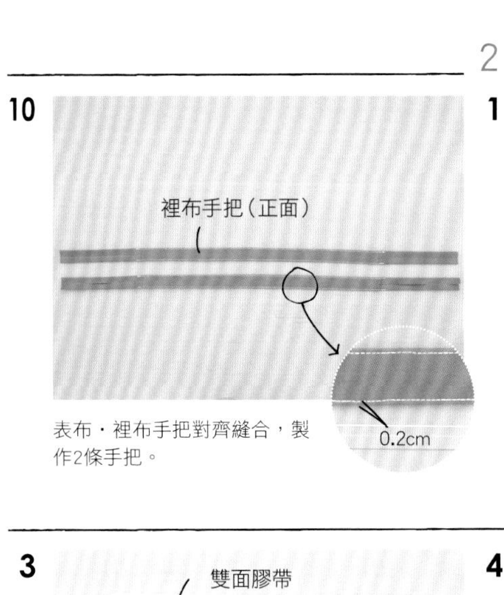
裡布手把（正面）
0.2cm

表布・裡布手把對齊縫合，製作2條手把。

2 縫合口袋

1

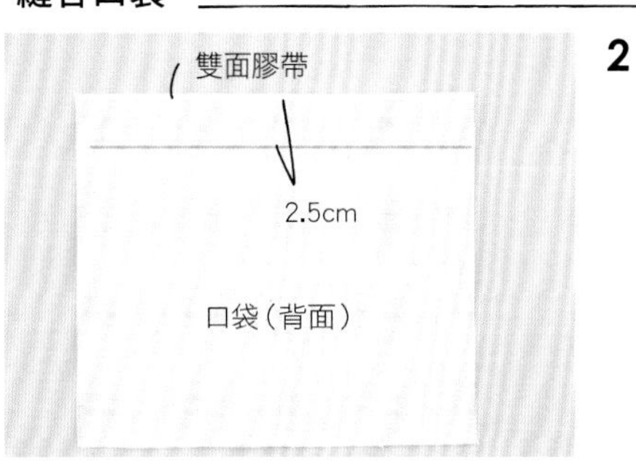
雙面膠帶
2.5cm
口袋（背面）

口袋口處作記號，於布端貼上雙面膠帶。

2

將布端對齊口袋口，並且摺疊貼合縫份。

3

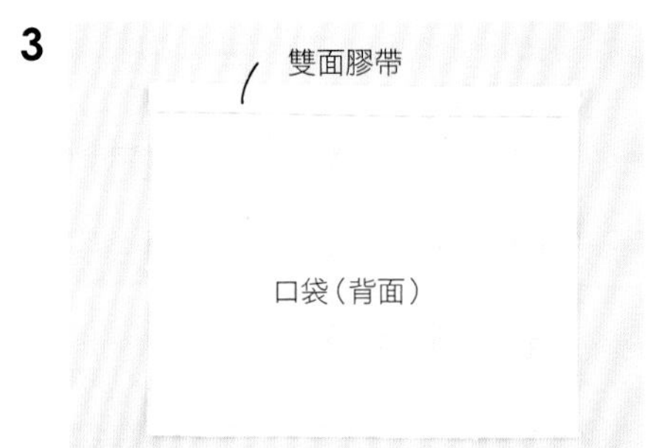
雙面膠帶
口袋（背面）

摺下縫份中心的部分貼上雙面膠帶（貼在布端會與車縫線重疊）。

4

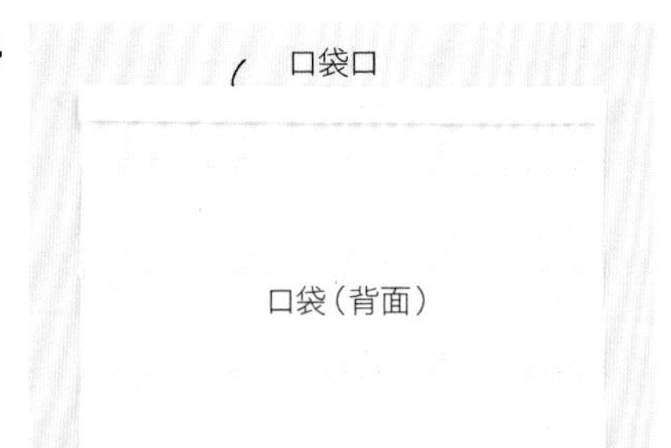
口袋口
口袋（背面）

口袋口的位置，再一次摺疊貼合縫份。

5

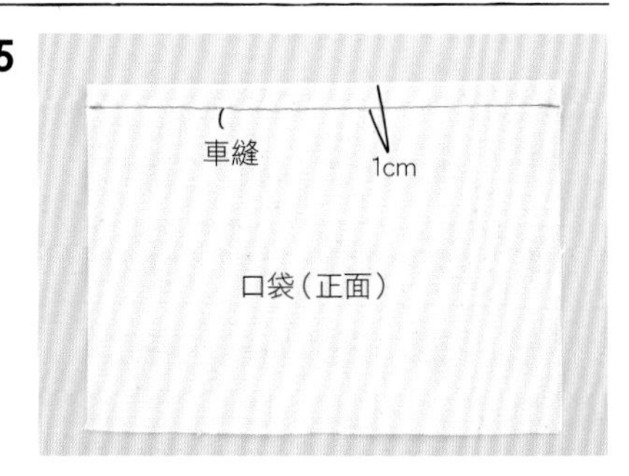
車縫
1cm
口袋（正面）

距離口袋口下面1cm處開始車縫（將正面朝上車縫，車縫出的針目會更加漂亮）。

3 將底布縫合固定於袋布的中心位置

1

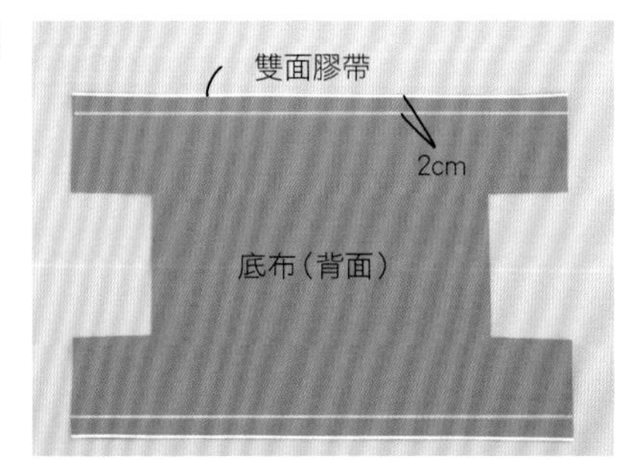
雙面膠帶
2cm
底布（背面）

於底布的上下布端距離2cm的位置處作記號，並且於布端貼合雙面膠。

2

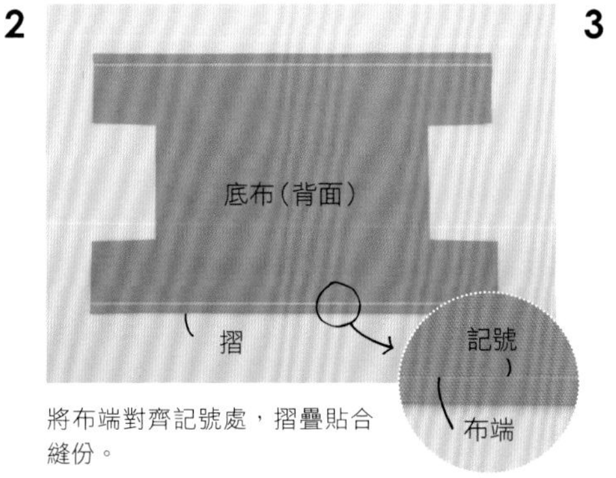
底布（背面）
摺
記號
布端

將布端對齊記號處，摺疊貼合縫份。

3

底布（背面）

將底布對摺，並且輕輕熨燙出摺痕。

4

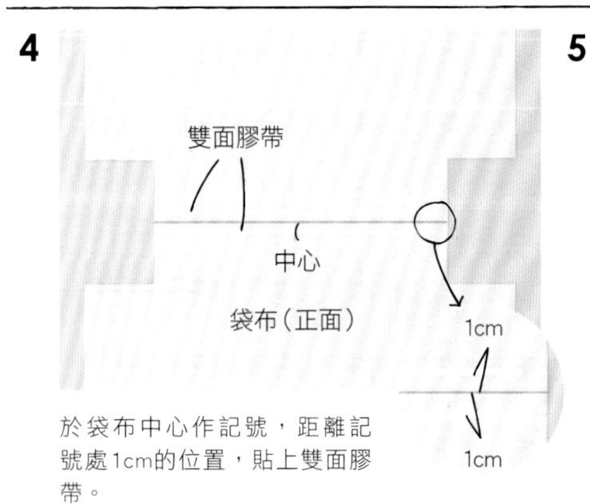
雙面膠帶
中心
袋布（正面）
1cm
1cm

於袋布中心作記號，距離記號處1cm的位置，貼上雙面膠帶。

5

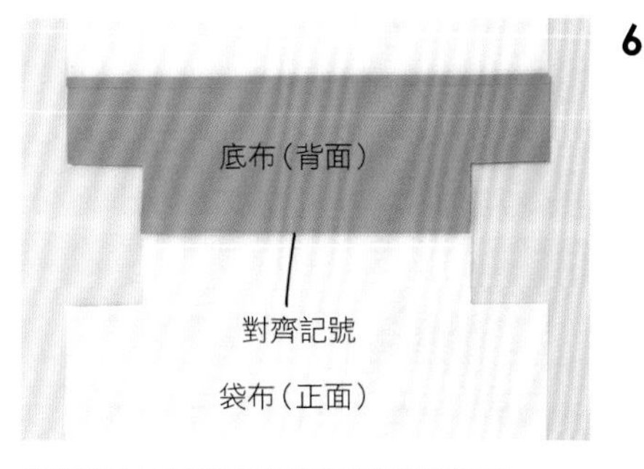
底布（背面）
對齊記號
袋布（正面）

將袋布中心的記號處與底布的摺痕線對齊。

6

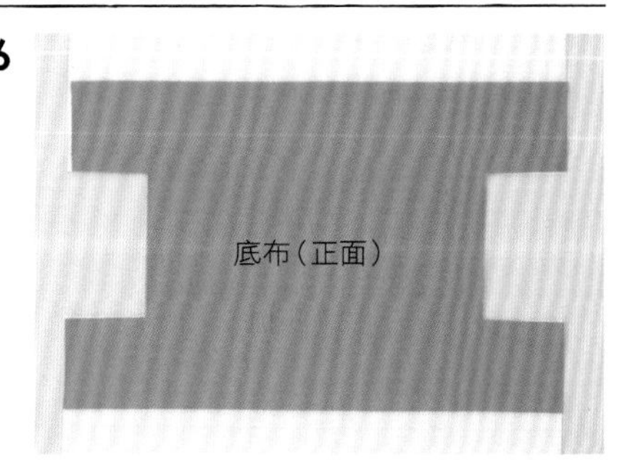
底布（正面）

將雙面膠帶的貼紙一邊一邊撕開，並且將底布貼於袋布上。

7

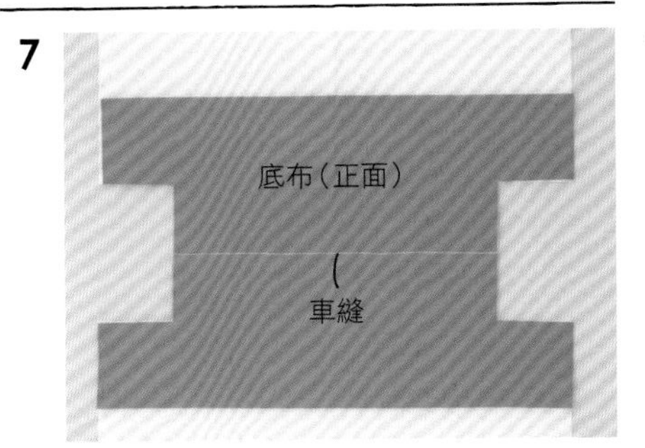
底布（正面）
車縫

於底布的摺痕上車縫一道縫線。

4 縫合固定口袋・手把

1

口袋（背面）
雙面膠帶

於口袋的布端處貼上雙面膠帶（口袋口側的布端不必貼）。

2

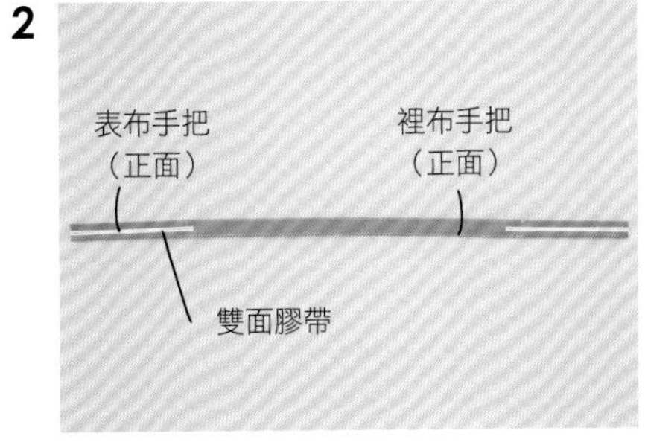
表布手把
（正面）
裡布手把
（正面）
雙面膠帶

於表布手把與裡布手把這一側，貼上雙面膠帶。

3

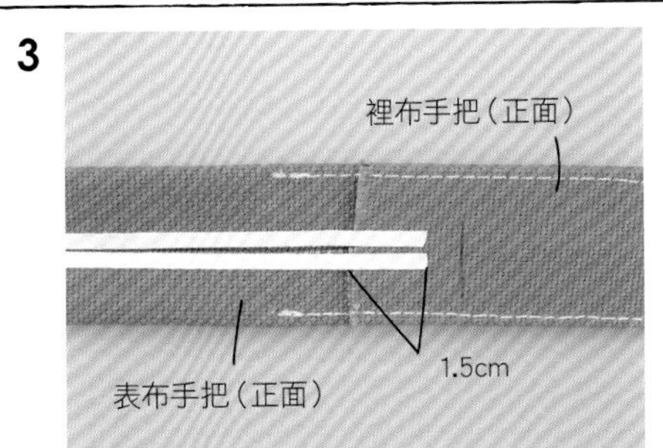
裡布手把（正面）
表布手把（正面）
1.5cm

貼於超過裡布手把1.5cm處。

4

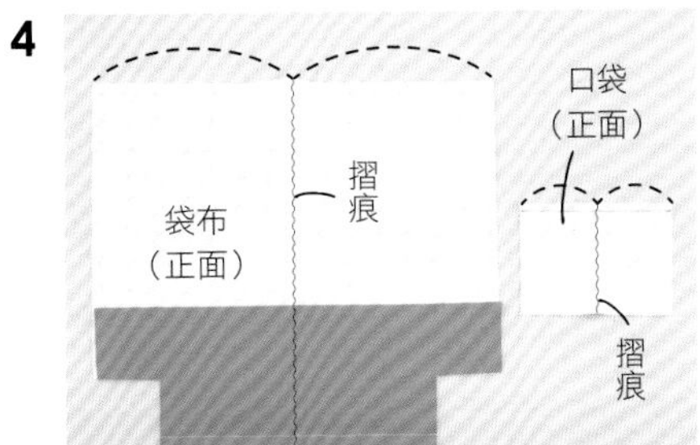
口袋
（正面）
摺痕
袋布
（正面）
摺痕

袋布與口袋的中央處，輕輕摺出摺痕。

5

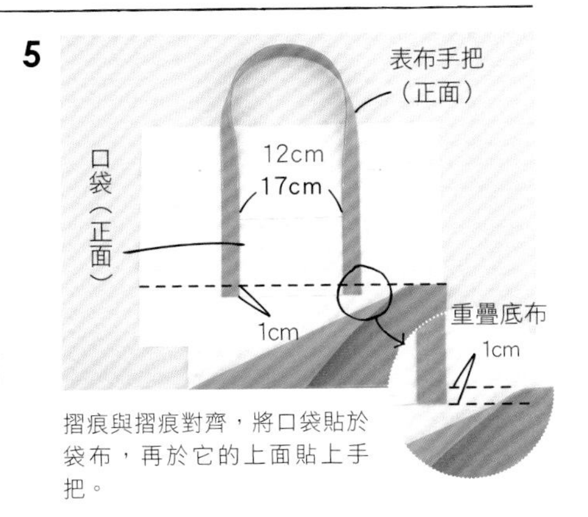
表布手把
（正面）
12cm
17cm
口袋（正面）
1cm
重疊底布
1cm

摺痕與摺痕對齊，將口袋貼於袋布，再於它的上面貼上手把。

6

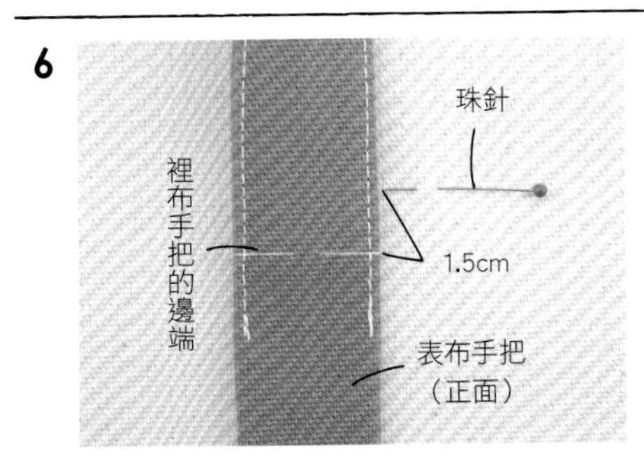
珠針
裡布手把的邊端
1.5cm
表布手把
（正面）

於裡布手把的邊端開始1.5cm位置處固定珠針。

7

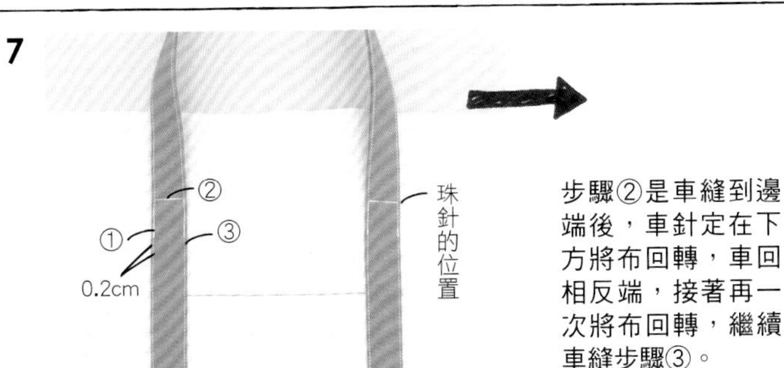
②
①
③
0.2cm
珠針的位置

步驟②是車縫到邊端後，車針定在下方將布回轉，車回相反端，接著再一次將布回轉，繼續車縫步驟③。

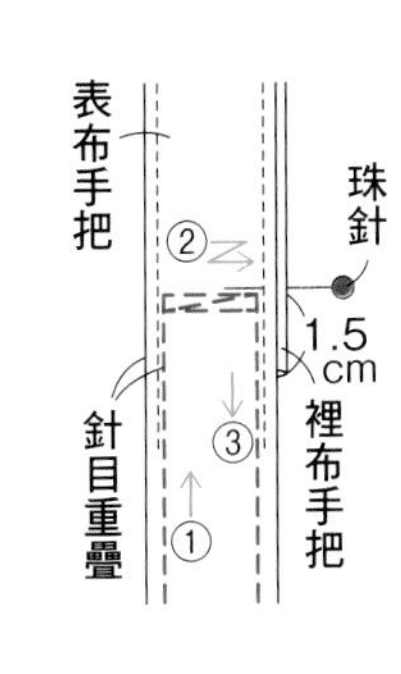
表布手把
珠針
②
1.5
cm
裡布手把
③
針目重疊
①

依照①至③的順序，將手把縫合。請避開底布車縫。

8

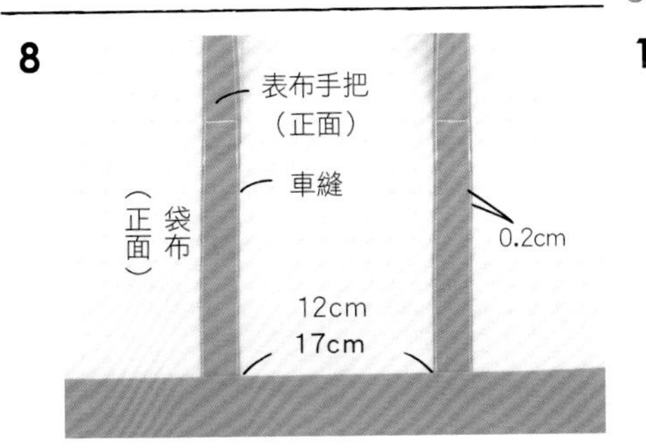
表布手把
（正面）
車縫
袋布
（正面）
0.2cm
12cm
17cm

另一面的手把也以同樣方式車縫。

5 縫合固定底布

1

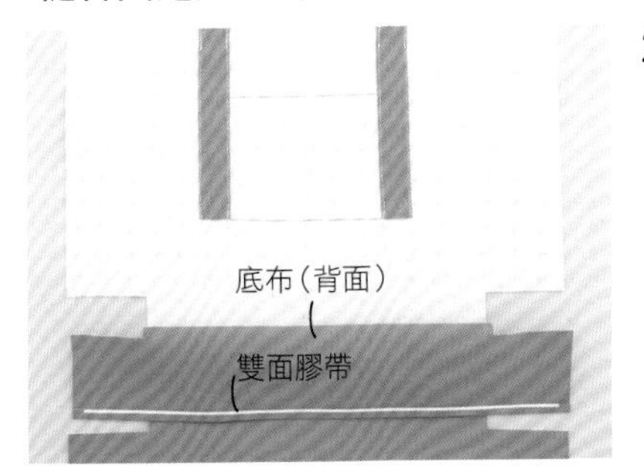
底布（背面）
雙面膠帶

底布的布端貼上雙面膠帶。

2

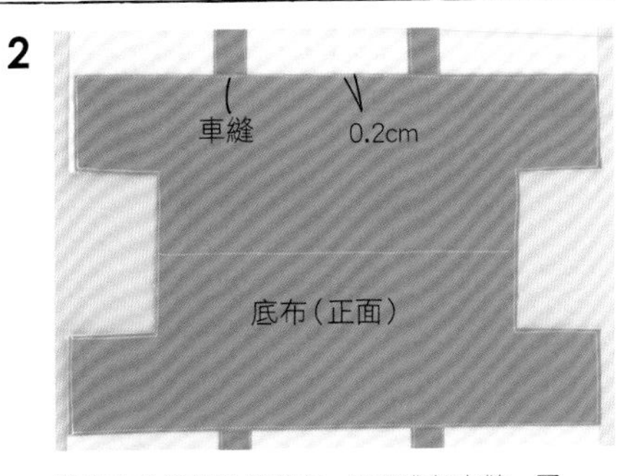
車縫
0.2cm
底布（正面）

將底布的邊端貼於袋布，四周進行車縫一圈。

6 車縫脇邊

1

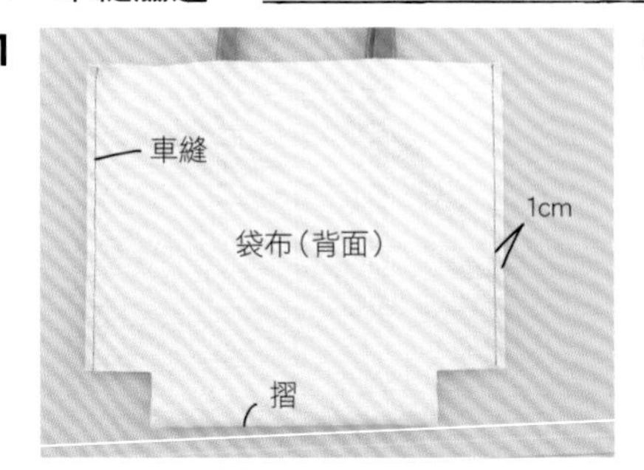
車縫
1cm
袋布（背面）
摺

袋布的背面向外側對摺，將兩脇邊縫合。

2

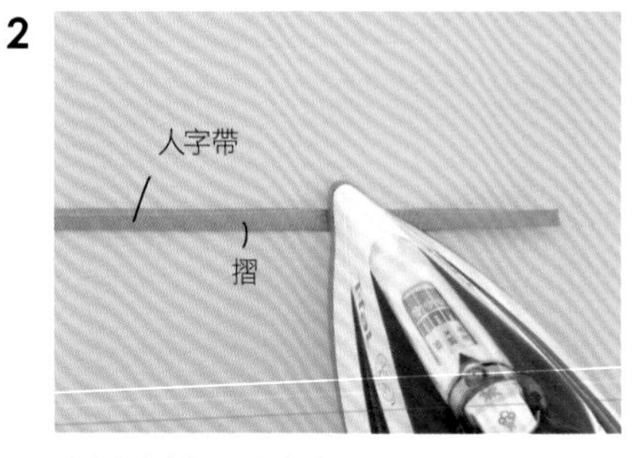
人字帶
摺

將人字帶對摺以熨斗熨燙（為了更容易看清楚，以其他顏色的人字帶代替使用）。

3

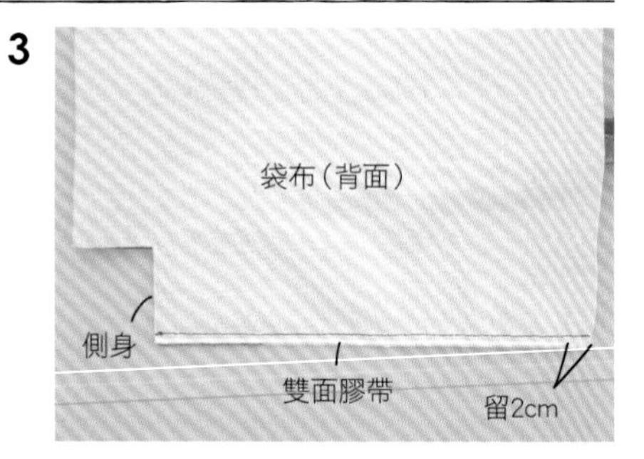
袋布（背面）
側身
雙面膠帶
留2cm

脇邊的布端貼雙面膠帶，後側也貼合。

4

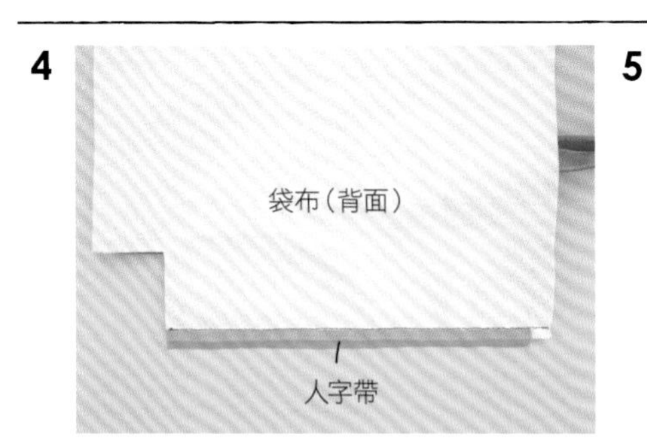
袋布（背面）
人字帶

將人字帶的邊端對齊車縫線貼合。

5

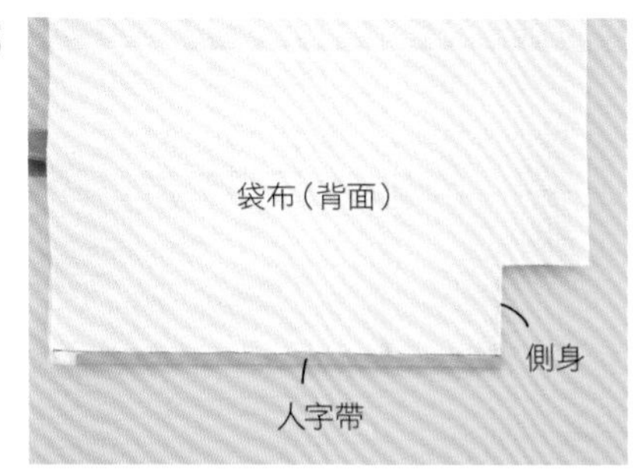
袋布（背面）
側身
人字帶

將袋布翻回後側，布端以人字帶包捲貼合。

6

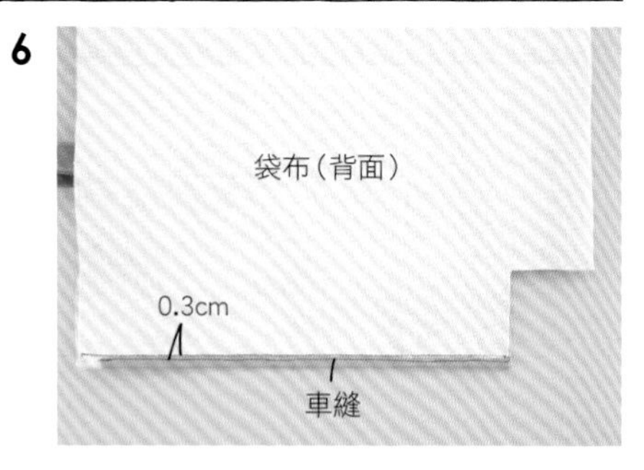
袋布（背面）
0.3cm
車縫

將人字帶以車縫固定。

7 縫合側身

1

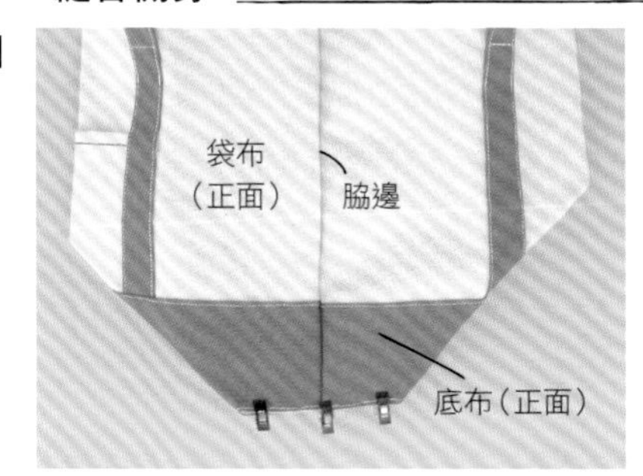
袋布
（正面）
脇邊
底布（正面）

將袋布翻回正面，側身對齊，以疏縫夾固定。將脇邊的縫份倒向後側（沒有口袋的那一側）。

2

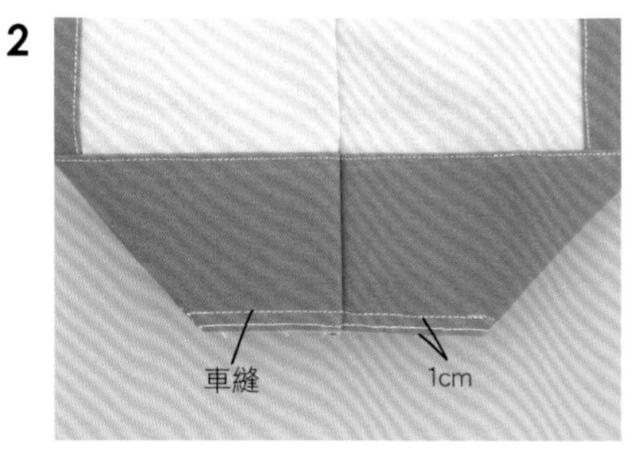
車縫
1cm

將側身縫合。

3

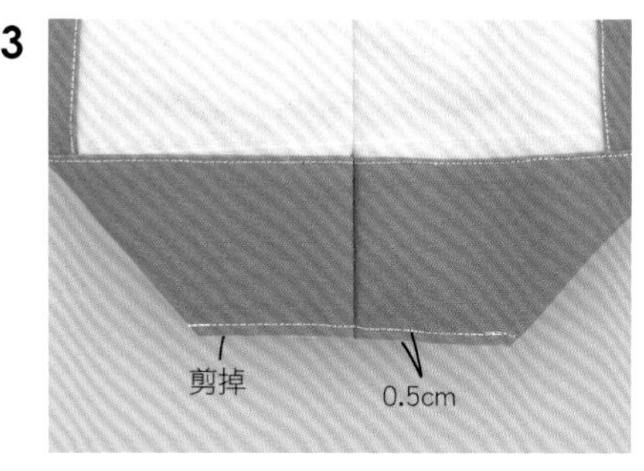
剪掉
0.5cm

預留0.5cm縫份，其餘剪掉。

4

袋布
（背面）

將袋布翻回正面，車縫線以熨斗整燙。

POINT

縫份重疊部分以木槌敲平以利於縫合。

縫份重疊的部分，以木槌敲平預防太厚，會比較好車縫。

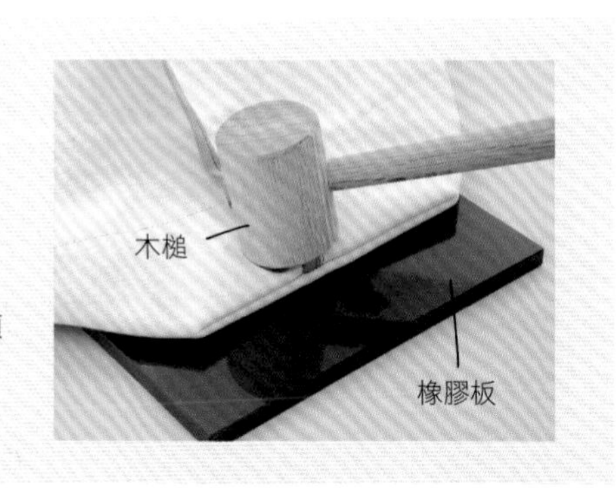
木槌
橡膠板

5

手轉輪

從背面側再一次車縫側身。若因布料太厚難以車縫時，請轉動手轉輪，以手動的方式慢慢車縫。

POINT

如何預防車縫線跳針？

脇邊縫份較厚的部分會有段差，因此使得壓布腳翹起，而造成車縫線跳針的情形。以一邊手指頭壓著壓布腳的前端，一邊車縫的方式，可以防止車縫線跳針。

6

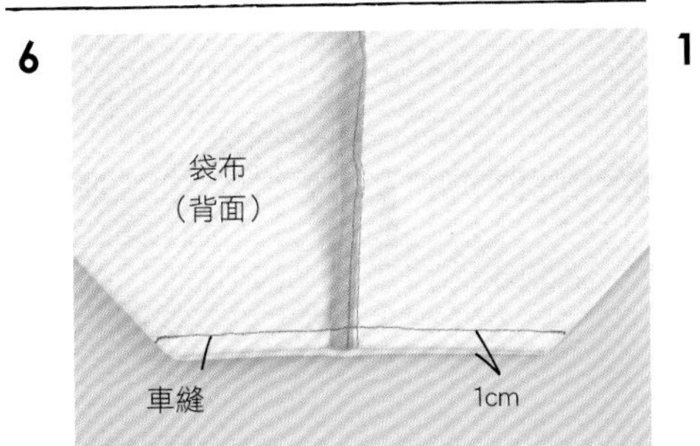
袋布
（背面）
車縫
1cm

側身車縫完成。

8 袋口處的縫合

1

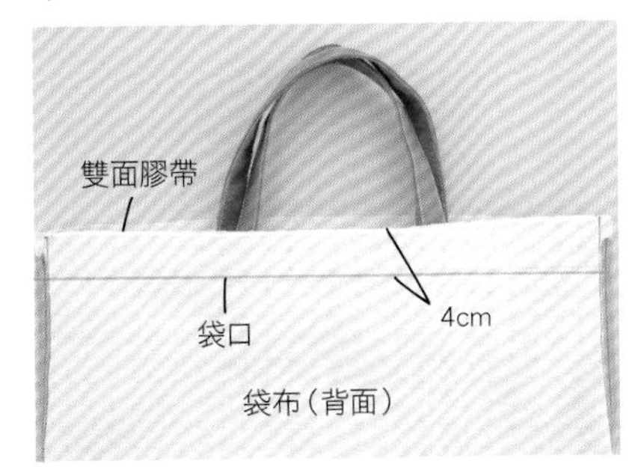
雙面膠帶
4cm
袋口
袋布（背面）

將袋布的袋口處作記號，於布端貼上雙面膠帶。

2

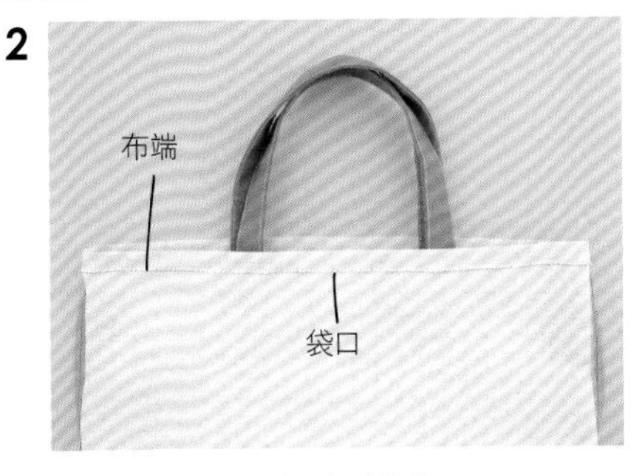
布端
袋口

將布端摺下來對齊袋口記號貼合。

3

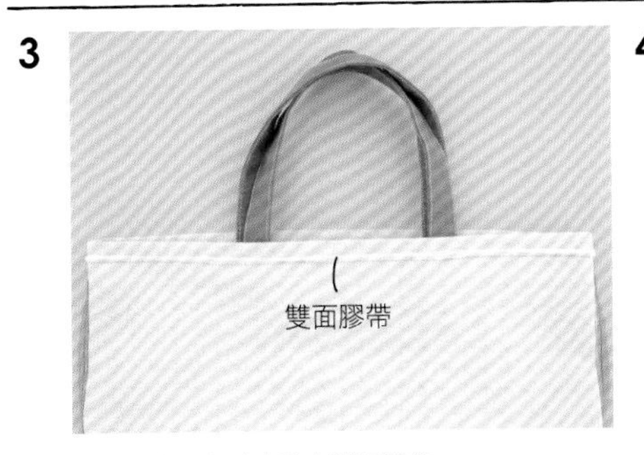
雙面膠帶

於摺下來的布端處貼上雙面膠帶。

4

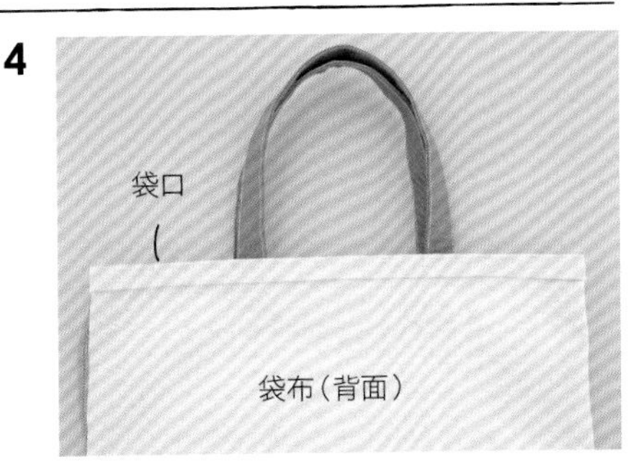
袋口
袋布（背面）

從袋口記號處開始摺下來並且貼合。

5

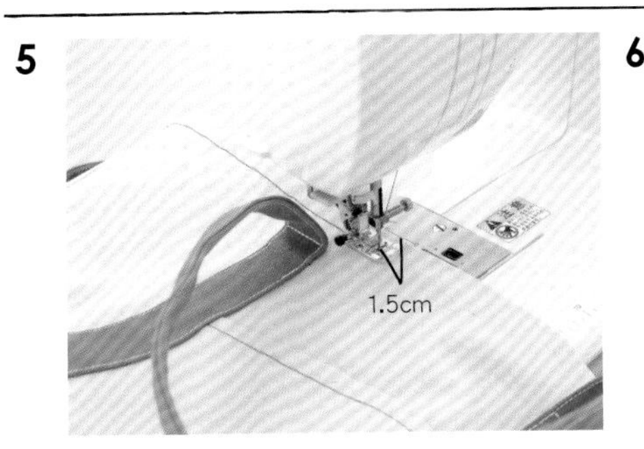
1.5cm

將袋布翻回正面，從袋口下1.5cm處車縫。請避開手把處車縫。

6

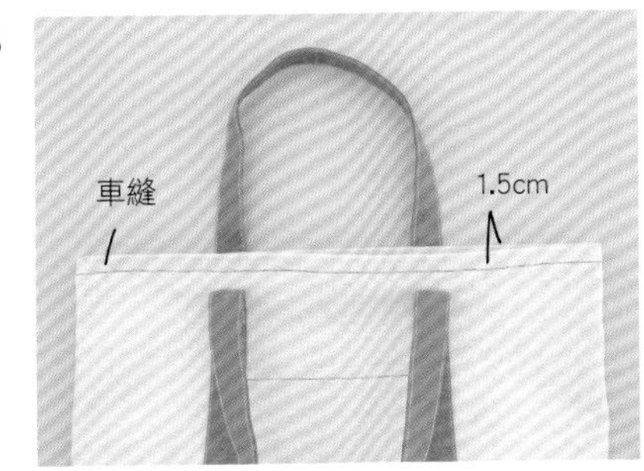
車縫
1.5cm

完成袋口車縫。

完成作品

9

袋蓋式橫長托特包

非常有個性的橫長輪廓托特包，因為內側附有蓋子，
所以裡面的物品也不會輕易被看到。
使用彩度高的原色系製作，
用來當成搭配服裝的一大亮點最適合了！

作法／P.54
帆布／8號帆布 富士金梅 #8000（川島商事）
製作／寺田志津香

10

圓底水桶形托特包

底部為圓形，像水桶一樣的托特包，
可以享受五彩繽紛色彩組合的樂趣。
可以拿來作為購物等外出時使用，
也可以當成室內裝飾的收納包。

作法/ P.56
帆布 / 11號帆布（fabric bird）
製作 / 吉田みか子

11

2way肩背包

可以當肩背包也可以當手提包使用的2way肩背包。
中央與側身都附有口袋，實用性也顯得出類拔萃。

作法 / P.58
帆布 / 8號帆布 復古懷舊風帆布 # 8100（川島商事）
製作 / 金丸かほり

12

袋蓋式時尚肩背包

以白色帆布作成清潔爽朗的肩背包，
搭配任何服裝都非常適合。

作法 / P.60
帆布 / 8號帆布 復古懷舊風帆布 # 8100（川島商事）
製作 / 渋澤富砂幸

13

波士頓包

只是將長方形的布簡單摺疊起來縫合，牛奶糖風格的波士頓包。
可以每天使用，用於短暫時間的旅行也非常推薦。

作法 / P. 42
帆布 / 8號帆布 石洗加工（銀河工房）
製作 / 渋澤富砂幸

圓點褲／アトリエ ドゥ サボン

14

打褶包

加入兩個褶子的醒目設計，是一款展現自然風味的包款。
稍微薄的皮革直接進行車縫後，就能夠當成手把使用了！

作法 / P.62
帆布 / 8號帆布 復古懷舊風帆布 # 8100（川島商事）
製作 / 金丸かほり

條紋褲／パーリッシィ

15

簡易後背包

直線裁剪非常容易製作，
是一款有簡單俐落輪廓的後背包。
使用復古懷舊風帆布製作，
更能展現出帥氣又有個性的風格。

作法 / P. 30
帆布 / 8號帆布 石洗加工（銀河工房）
製作 / 寺田志津香

完成尺寸 直40.5cm 橫 26cm 側身11cm

LESSON 3

29P No.15

簡易 拉鍊後背包

材料

【表布】

8號帆布 石洗加工布料 海軍藍（002）85cm 幅寬 100cm

拉鍊 35cm 1條

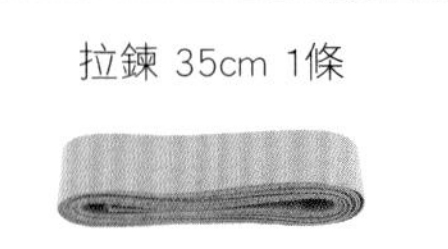

人字帶［2cm寬］90cm

化學纖維織帶［3cm寬］270cm

日型環［3cm寬］2個

口型環［3cm寬］2個

【使用的針與線】

家用車針 16號

車縫線 30號

提供／フジックス

表布裁布圖

- 細線為裁切線，粗線為完成線。〇之中的數字為縫份的尺寸。除了指定之外縫份預留1cm。
- 把手、肩帶的固定位置，請參考作法說明。

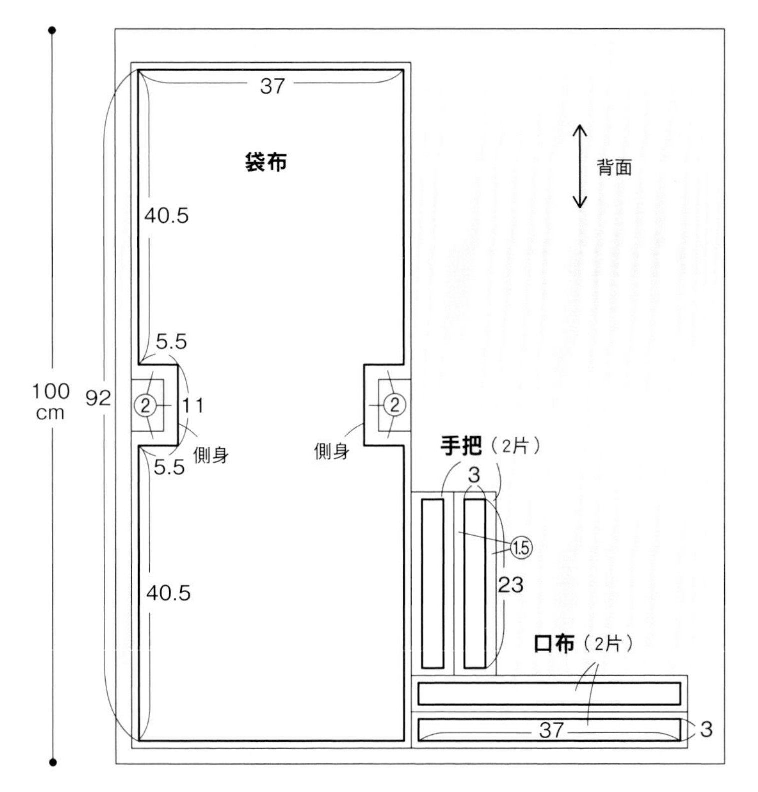

37
袋布
背面
40.5
5.5
2
11
側身
5.5
側身
100 cm
92
手把（2片）
3
1.5
23
40.5
口布（2片）
37
3
85cm 寬

裁布圖

- 裁剪方法請參考P.6

袋布（1片）

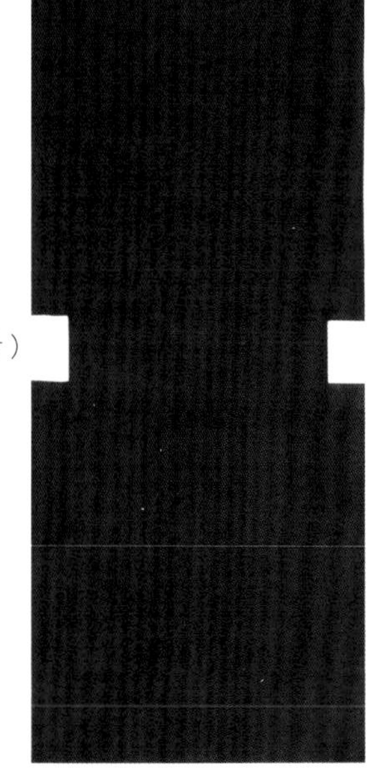

口布（2片）

手把（2片）

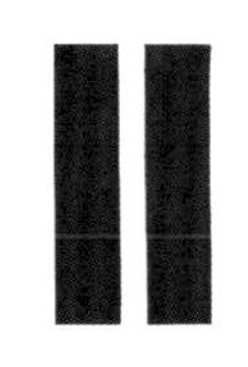

作法

- 開始製作前，請以縫紉機嘗試車縫。
- 針目的大小，請調整在1cm有3針左右。
- 開始車縫與結束車縫的地方都要回針。

※為了方便讀者辨識，
針目看得更清楚，
將車線與表布
使用不同的顏色。

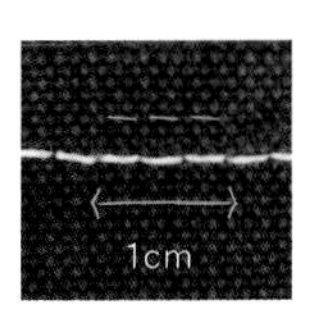
1cm

1 將拉鍊縫合於口布

1

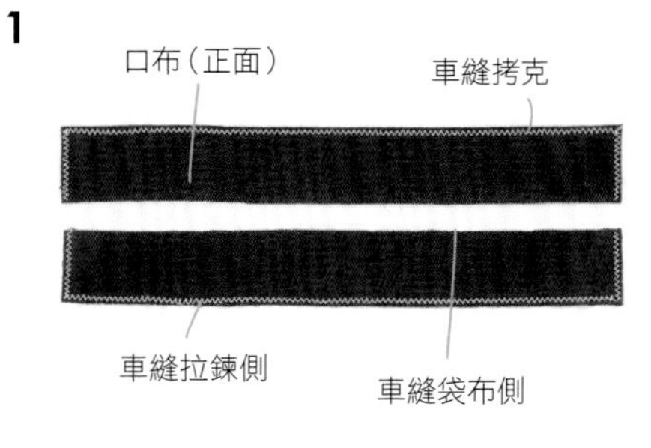
口布（正面）
車縫拷克
車縫拉鍊側
車縫袋布側

於口布的布端車縫拷克（接連袋布的那一側不必拷克）。

2

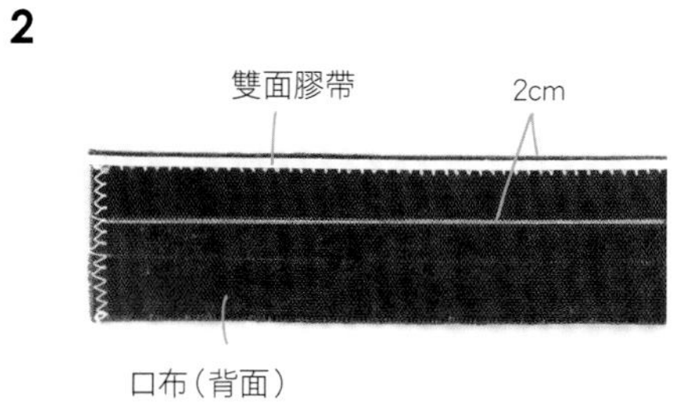
雙面膠帶
2cm
口布（背面）

距離拷克側的布端開始2cm的位置上作記號，於布端貼雙面膠帶。

3

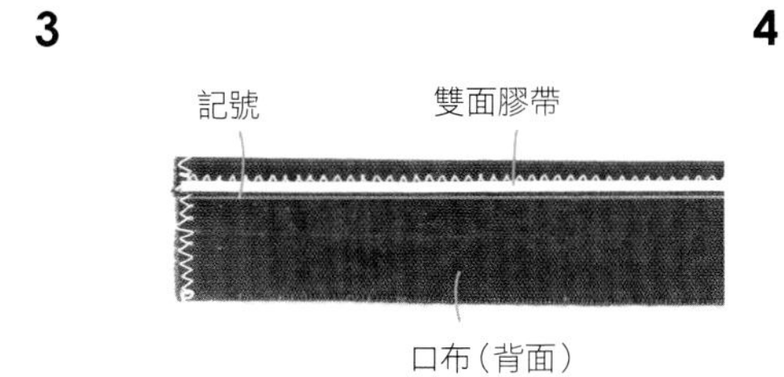
記號
雙面膠帶
口布（背面）

撕開雙面膠帶的貼紙，將布端摺起來對齊記號貼上，摺起來的布端上，再貼一次雙面膠帶。另一片的口布也以同樣方式製作。

4

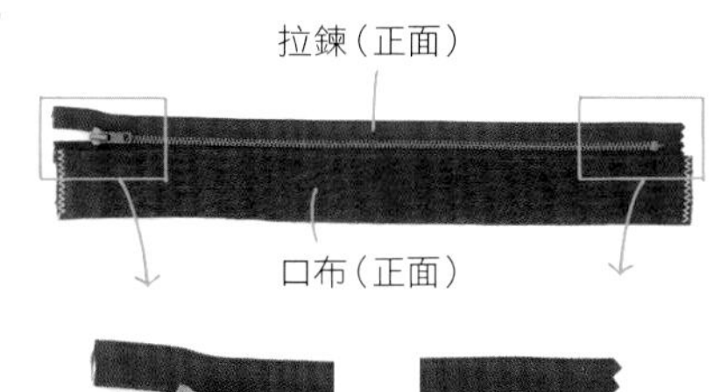
拉鍊（正面）
口布（正面）
2cm
2cm

將拉鍊貼於口布上。

5

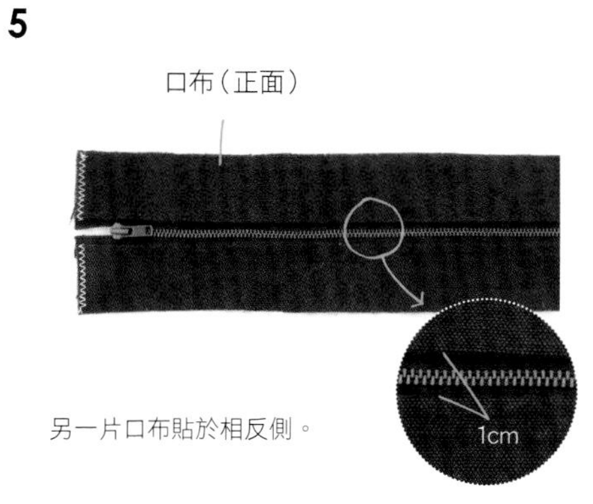
口布（正面）
1cm

另一片口布貼於相反側。

6

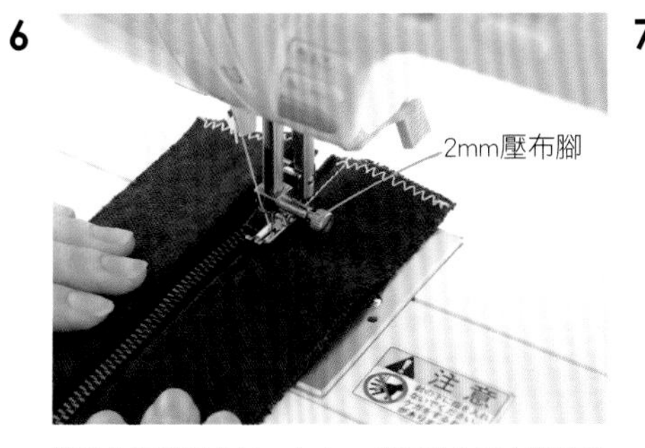
2mm壓布腳

將拉鍊車縫固定於口布上。縫紉機的壓布腳請改用2mm壓布腳或是拉鍊壓布腳。

7

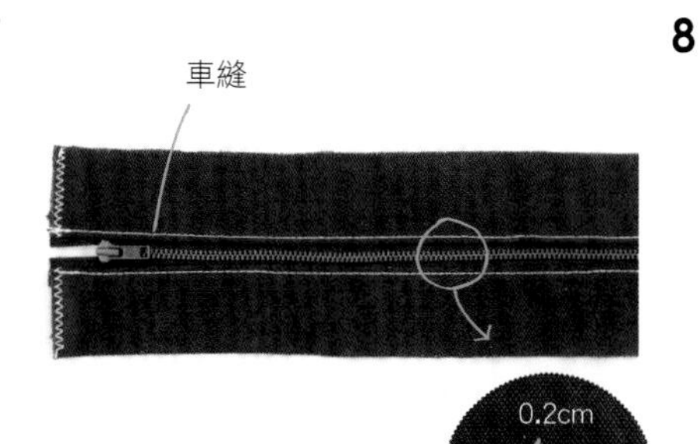
車縫
0.2cm

拉鍊車縫固定完成。

8

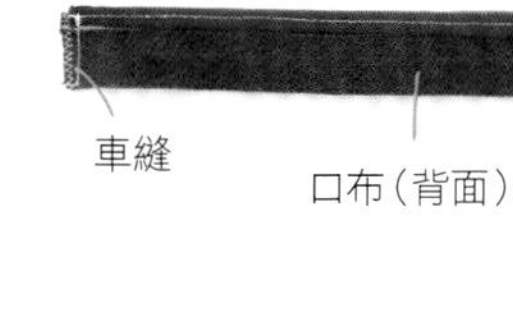
車縫
口布（背面）
車縫

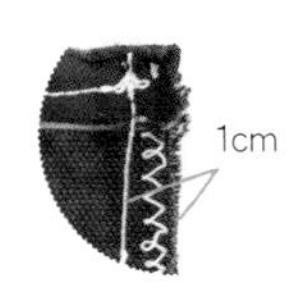
1cm

將口布的正面向內側，車縫兩脇邊。

2 製作手把

1

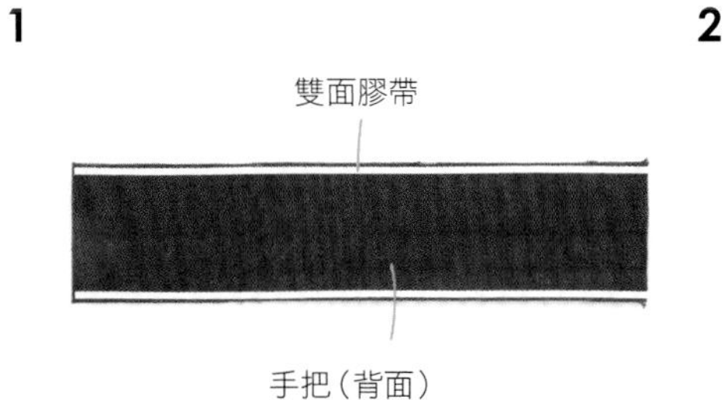
雙面膠帶
手把（背面）

將手把的布端貼上雙面膠帶。

2

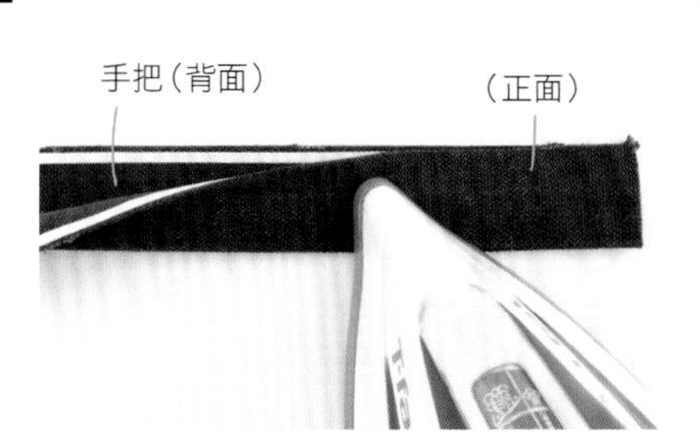
手把（背面）
（正面）

將手把對摺，輕輕的熨燙出摺痕。

3

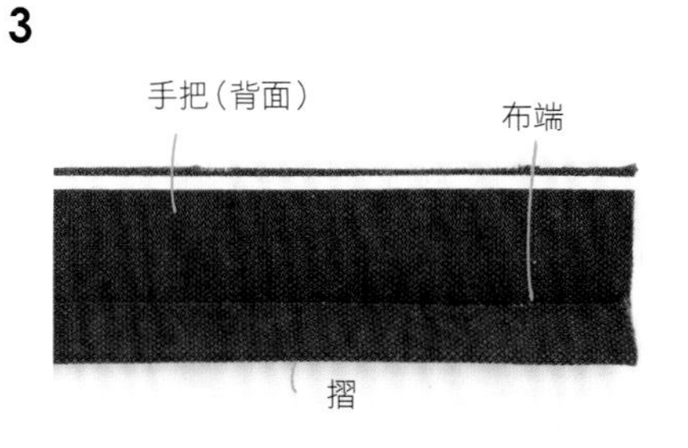
手把（背面）
布端
摺

將布端對齊摺痕，摺起來貼上。

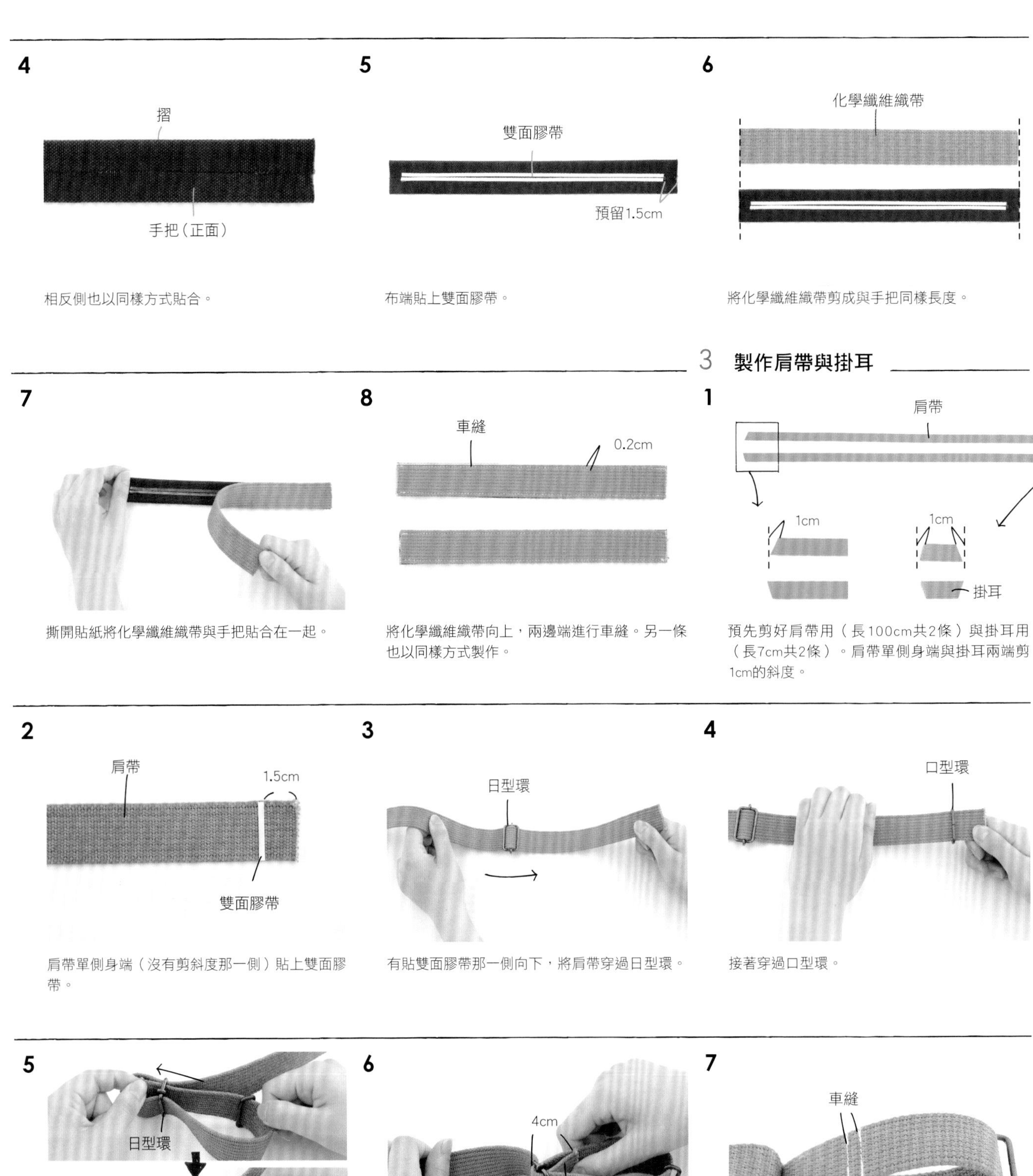
摺
手把（正面）
雙面膠帶
預留1.5cm
化學纖維織帶
車縫
0.2cm
肩帶
1cm
1cm
掛耳
肩帶
1.5cm
雙面膠帶
日型環
口型環

4 相反側也以同樣方式貼合。

5 布端貼上雙面膠帶。

6 將化學纖維織帶剪成與手把同樣長度。

7 撕開貼紙將化學纖維織帶與手把貼合在一起。

8 將化學纖維織帶向上，兩邊端進行車縫。另一條也以同樣方式製作。

3 製作肩帶與掛耳

1 預先剪好肩帶用（長100cm共2條）與掛耳用（長7cm共2條）。肩帶單側身端與掛耳兩端剪1cm的斜度。

2 肩帶單側身端（沒有剪斜度那一側）貼上雙面膠帶。

3 有貼雙面膠帶那一側向下，將肩帶穿過日型環。

4 接著穿過口型環。

5
日型環

將肩帶再一次穿過日型環。

6
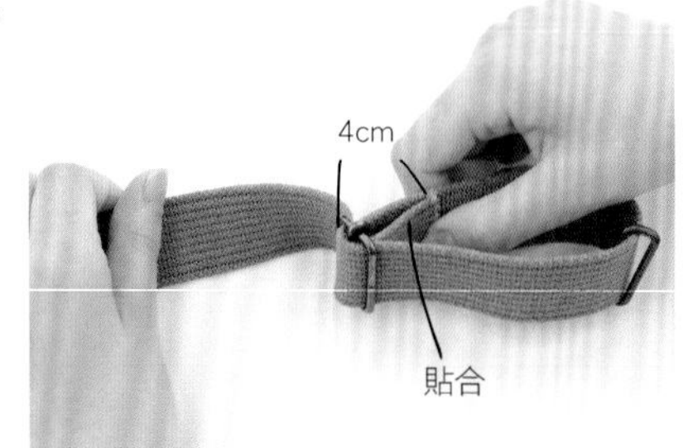
4cm
貼合

將步驟2的雙面膠帶貼紙撕開貼合上。

7
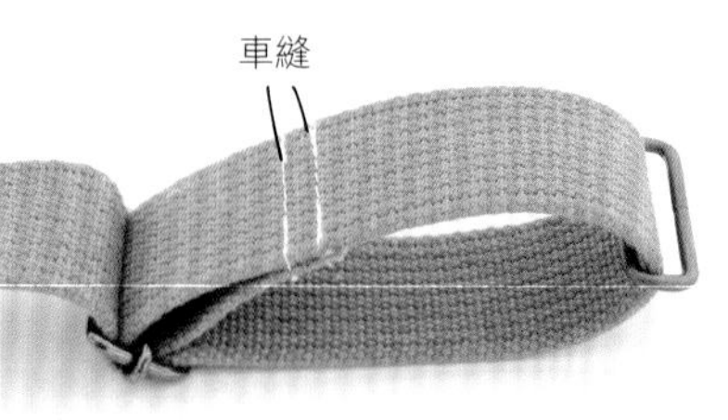
車縫

肩帶的邊端進行車縫。

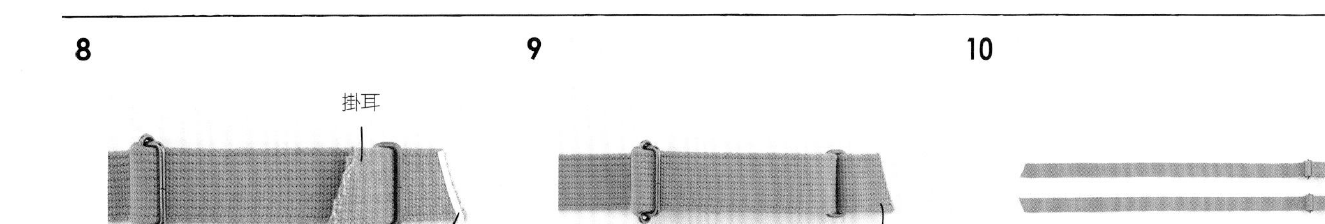
8
掛耳
雙面膠帶
9
貼合
10

8
掛耳的單側貼上雙面膠帶，穿過口型環。

9
撕開貼紙對齊掛耳的邊端貼合。

10
再製作一組左右對稱的肩帶。

4 縫合固定肩帶・掛耳

1

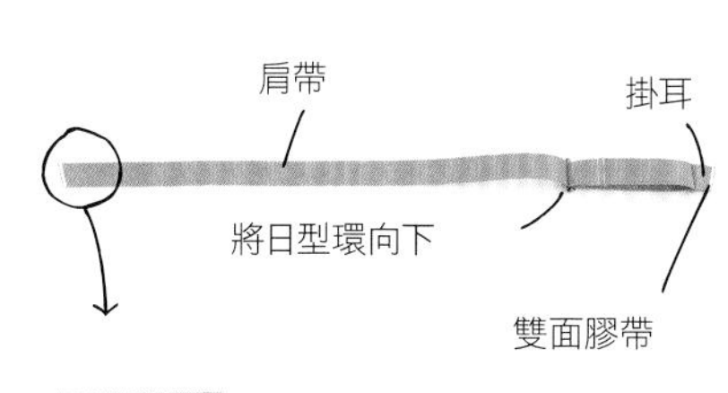
肩帶
掛耳
將日型環向下
雙面膠帶
雙面
膠帶

肩帶與掛耳的邊端貼上雙面膠帶。

2

15.5cm 肩帶 15.5cm
袋布（正面）
掛耳
4cm 4cm

將肩帶與掛耳貼於袋布上。

5 縫合手把

1

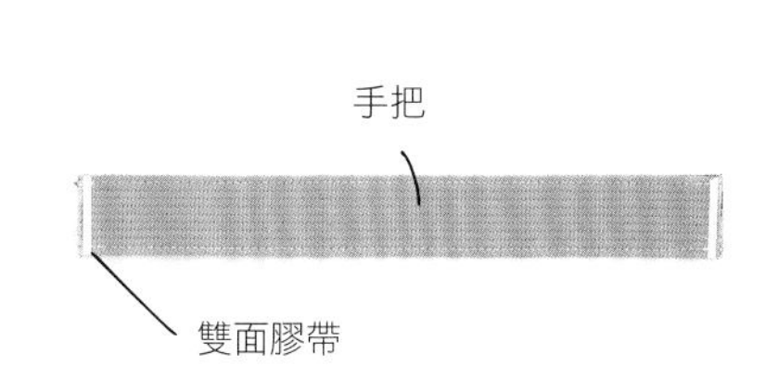
手把
雙面膠帶

手把的化學纖維織帶側貼上雙面膠帶。

2

11.5cm 手把 11.5cm
袋布（正面）

將手把貼於袋布上。

3

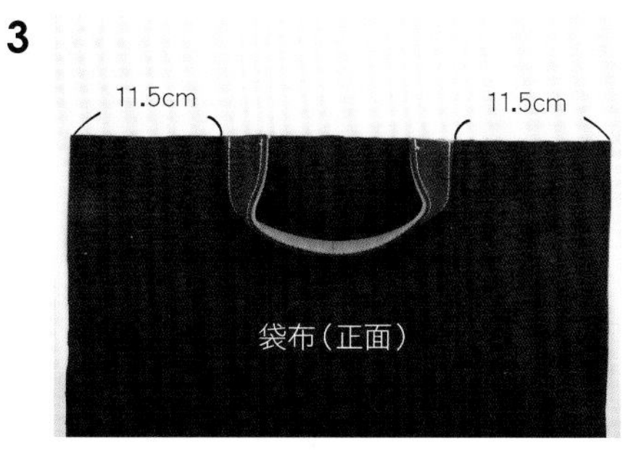
11.5cm
11.5cm
袋布（正面）

於袋布的相反側上，將另一條手把貼上。

6 縫合脇邊

1

袋布（背面）
摺

將袋布的背面向外側對摺，以疏縫夾固定。

2

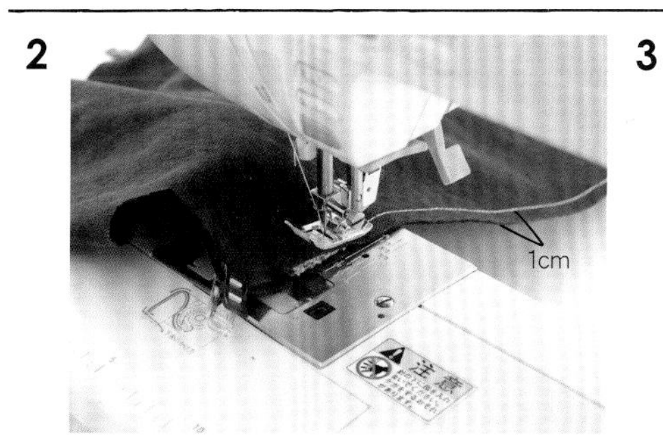
1cm

袋布的兩脇邊進行車縫固定。

3

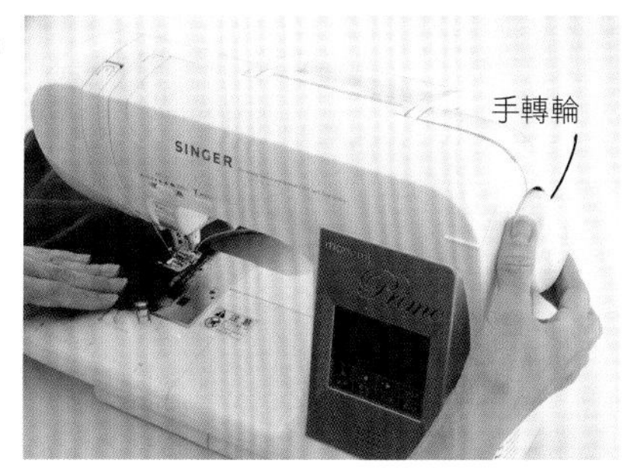
手轉輪
SINGER

掛耳的部分因為太厚無法車縫時，請轉動縫紉機的手轉輪，以手轉的方式慢慢車縫。

4

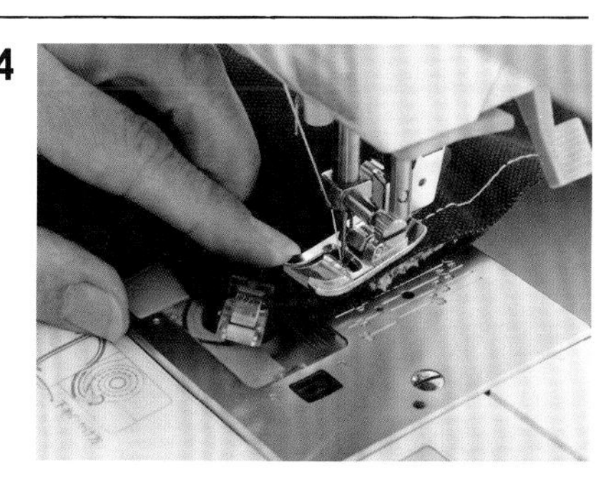

當厚度太厚造成段差使壓布腳翹起時，請一邊以手指壓住壓布腳的前端一邊車縫。

5

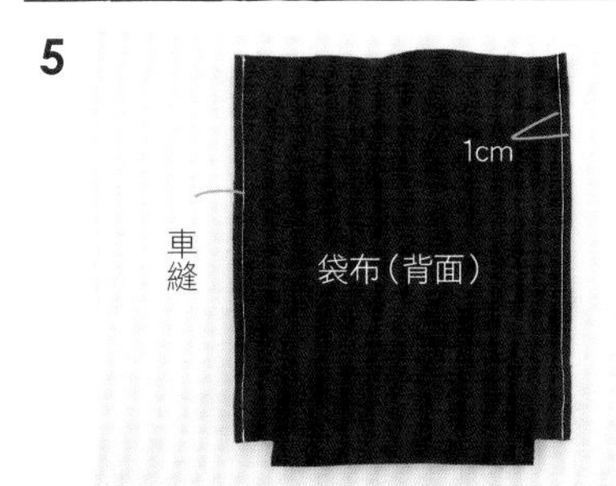
1cm
車縫
袋布（背面）

脇邊縫合完成。

6

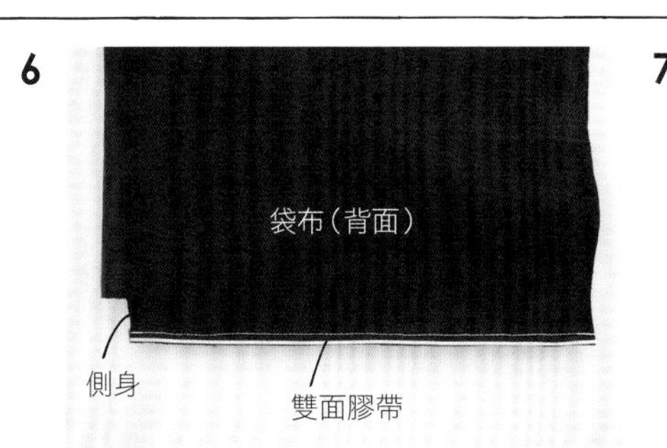
袋布（背面）
側身
雙面膠帶

脇邊的布端貼上雙面膠帶。後側也同樣貼上雙面膠帶。

7

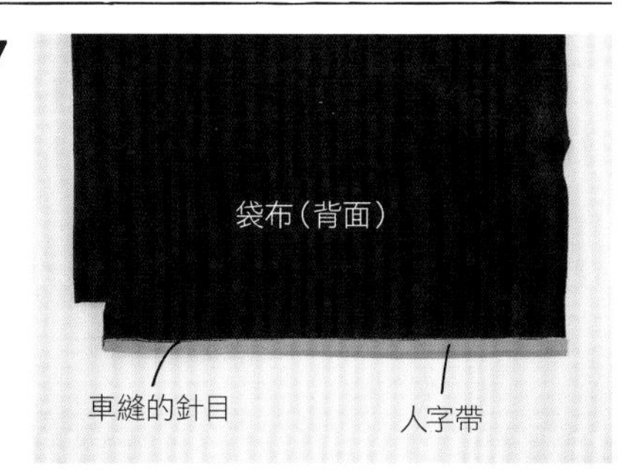
袋布（背面）
車縫的針目
人字帶

將人字帶沿著車縫的針目對齊貼合。

8

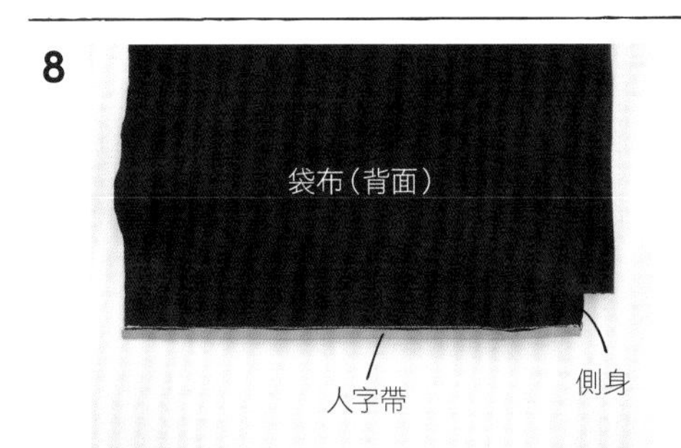
袋布（背面）
人字帶
側身

將袋布翻回後側，布端以人字帶包捲貼合。

9

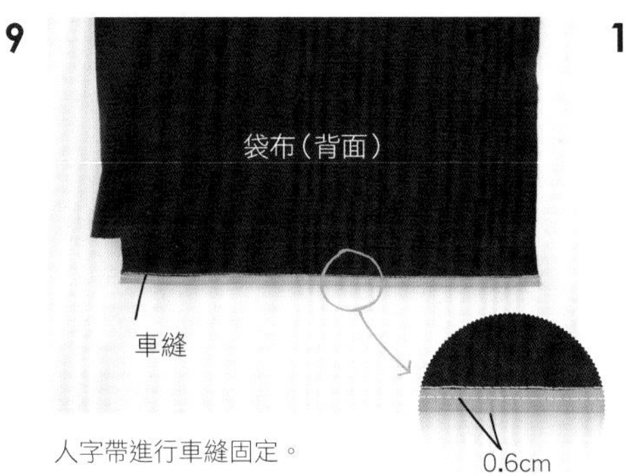
袋布（背面）
車縫
0.6cm

人字帶進行車縫固定。

7 縫合側身

1

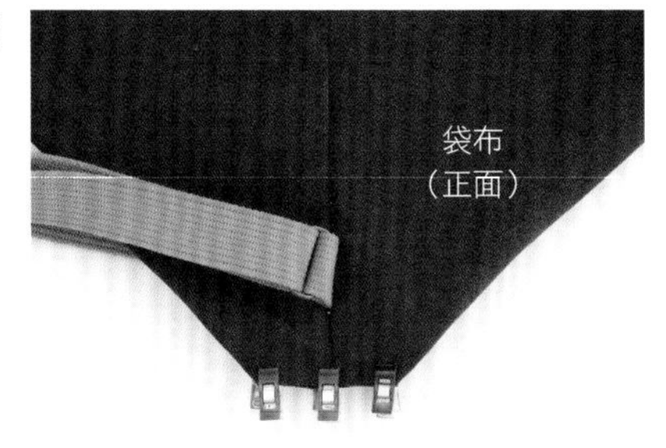
袋布
（正面）

將袋布翻回正面，以疏縫固定夾固定側身。脇邊的縫份倒向前側（沒有肩帶的那一側）。

2

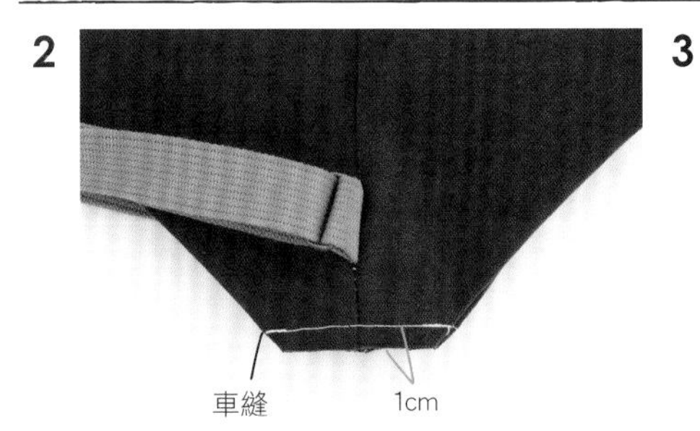
車縫
1cm

側身進行車縫固定。

3

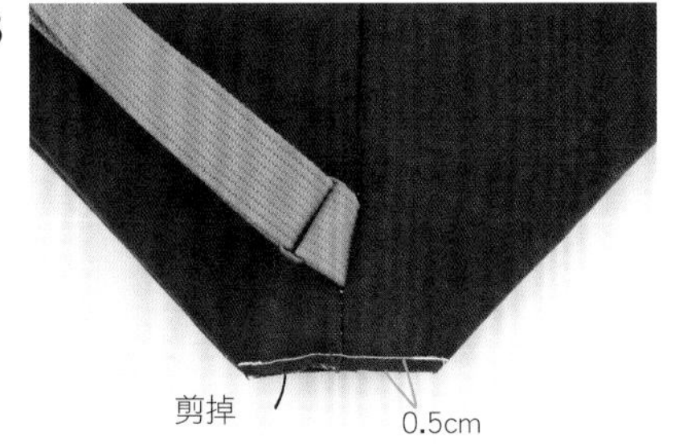
剪掉
0.5cm

縫份預留0.5cm，其餘剪掉。

4

袋布
（背面）

將袋布翻回背面，車縫線以熨斗整燙整齊。

5

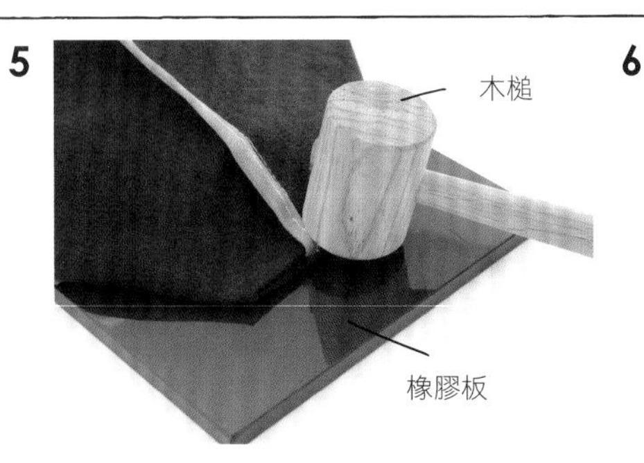
木槌
橡膠板

為了使脇邊有厚度的縫份更加平整時，請先使用木槌將縫份部分敲平。

6

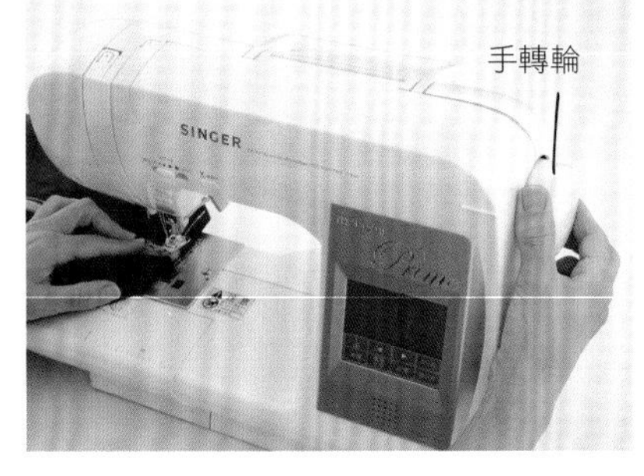
手轉輪
SINGER

從背面側再一次車縫側身。縫份太厚無法車縫時，請轉動縫紉機的手轉輪，以手轉的方式慢慢車縫。

7

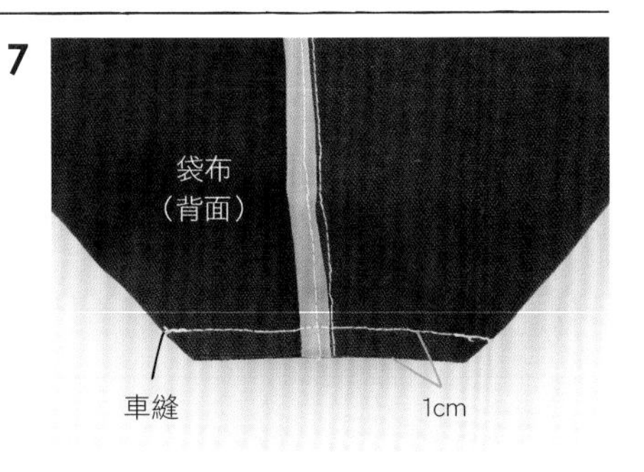
袋布
（背面）
車縫
1cm

側身車縫完成。

8 縫合固定口布

1

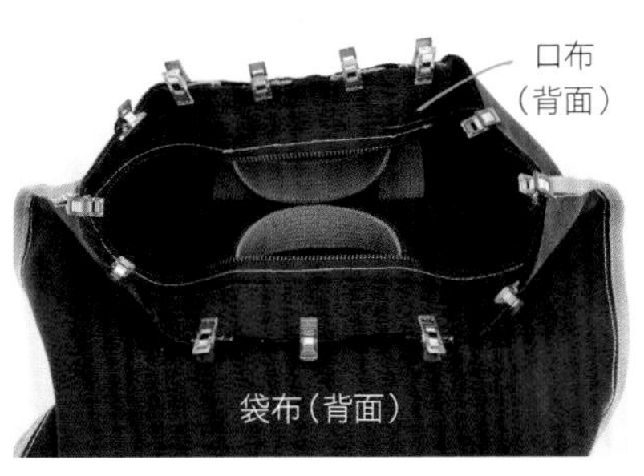
口布
（背面）
袋布（背面）

將袋布與口布正面相對疊合，以疏縫固定夾固定。

2

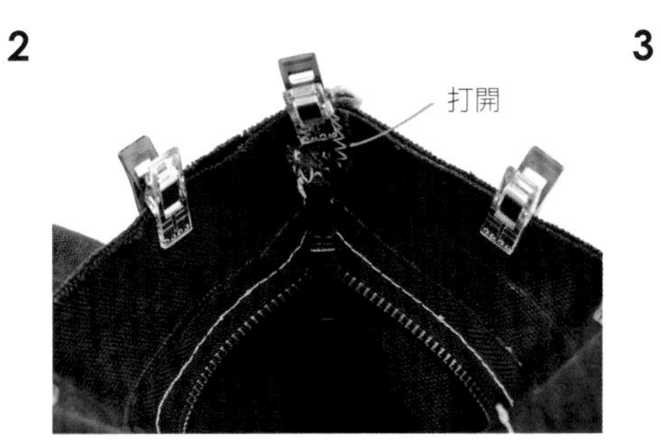
打開

將口布脇邊的縫份打開固定。

3

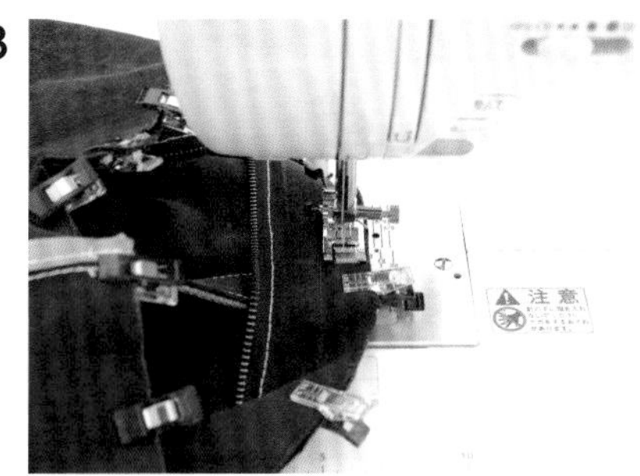

進行車縫。肩帶與手把的縫份部分太厚無法車縫時，請轉動縫紉機的手轉輪，以手轉的方式慢慢車縫。

4

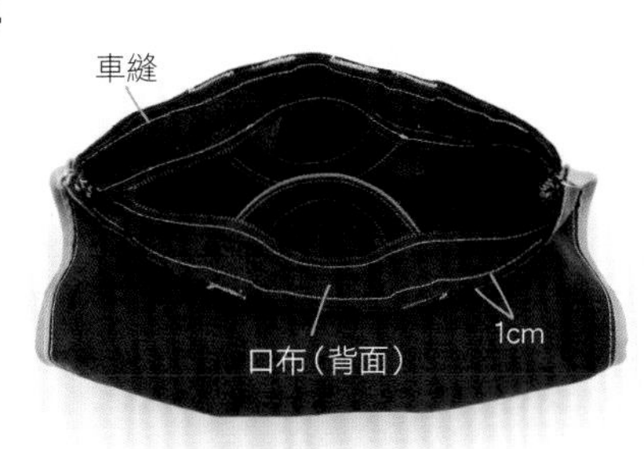
車縫
口布（背面）
1cm

口布車縫固定完成。

5

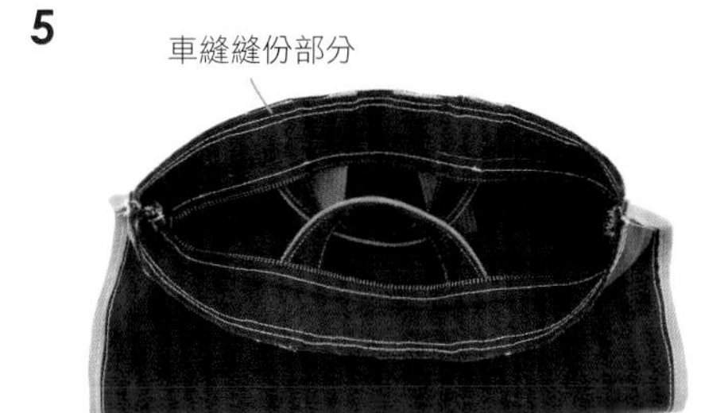
車縫縫份部分

為了使布端不脫線虛邊，於縫份上再車縫一次。

6

袋布
（正面）

將袋布翻回正面，袋口處以熨斗整燙整齊。

7

將口布脇邊的縫份縫合固定於袋布的脇邊上。

8

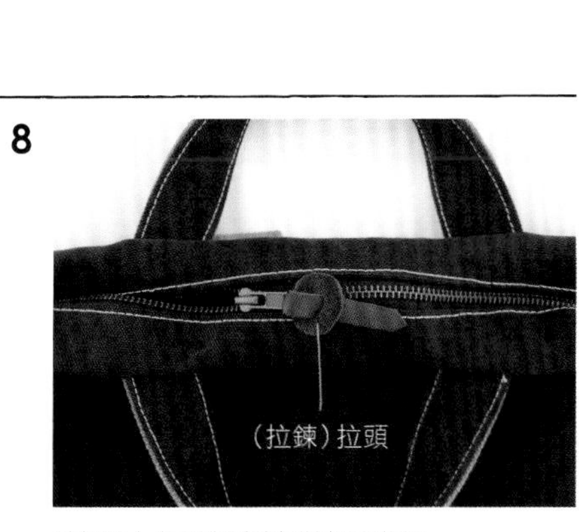
（拉鍊）拉頭

於拉鍊上裝釘喜愛的拉鍊拉頭裝飾。

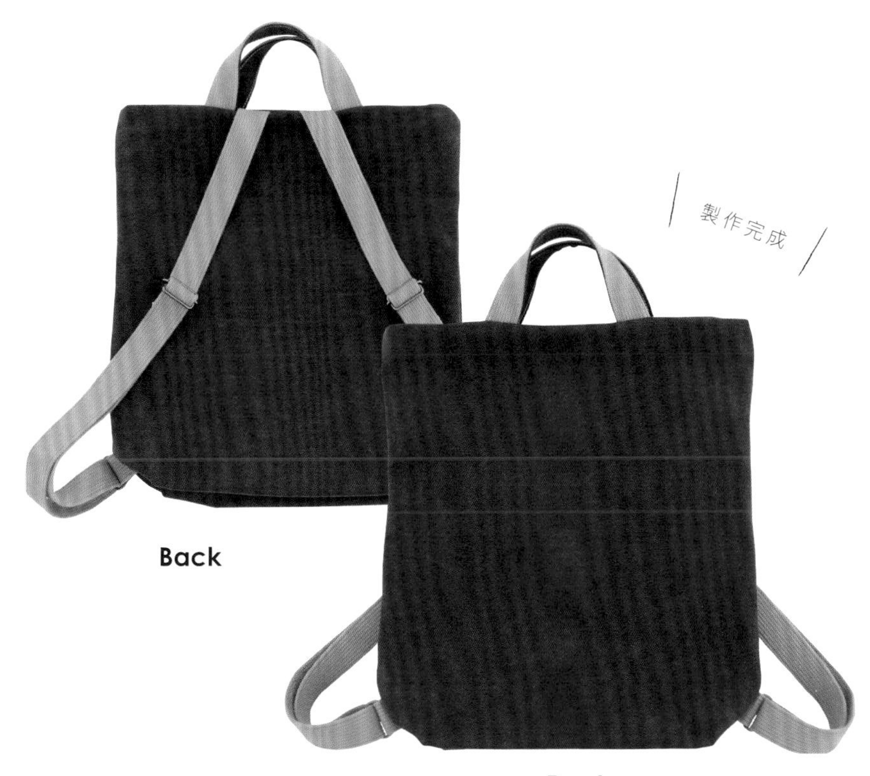
製作完成
Back
Front

16

兩褶式背包

袋口處摺疊後又反摺是它的特徵，是一款簡單式的布包。
縫合上重點式的裝飾性標籤，
使得成品的完成度更加完整。

作法 / P.64
帆布 / 11號帆布（fabric bird）
標籤 / ブルックリンスタイル織タグA（サン・オリーブ）
製作 / 渋澤富砂幸

17

郵差包

在平凡的日常生活使用，
輕便簡潔的郵差包。
簡單且不複雜的設計，不論男生女生都適用。

作法 / P.66
帆布 / 8號帆布 富士金梅#8000（川島商事）
製作 / 渋澤富砂幸

內側附有拉鍊，
所以不必擔心物品
會掉出來，非常安心。

18

小提包

主體與手把無區分的接連在一起，
圓滾滾的圓潤造型令人愛不釋手。
粉紅色的帆布，作成甜美少女風的包款。

作法 / P. 68
帆布 / 8號帆布 富士金梅#8000（川島商事）
製作 / 金丸かほり

洋裝／アトリエ ドゥ サボン

19

三角包

將布料組合成風呂敷風格的三角包，
圓點印花花樣是它吸引人的亮點。
可作為服裝搭配的主角，
展現個性派的設計。

作法 / P.70
帆布/ 調色盤系彩色帆布（清原）
調色盤系彩色帆布
圓點印花花樣S號（清原）
製作 / 加藤容子

製作方法

裁布圖・原寸紙型的線與記號

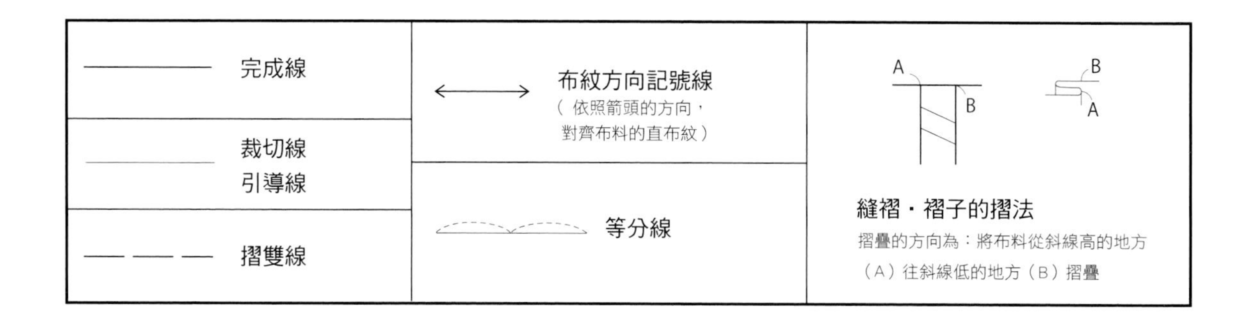

完成線
裁切線
引導線
摺雙線
布紋方向記號線
（依照箭頭的方向，
對齊布料的直布紋）
等分線
A
B
B
A
縫褶・褶子的摺法
摺疊的方向為：將布料從斜線高的地方
（A）往斜線低的地方（B）摺疊

裁布圖的使用方法

於布料的背面側以消失筆畫線，將各部位的裁片裁開。
若有原寸紙型的裁片，請將紙型影印下來，
或以描圖紙等透明的紙張描寫，再加上縫份的尺寸裁開。

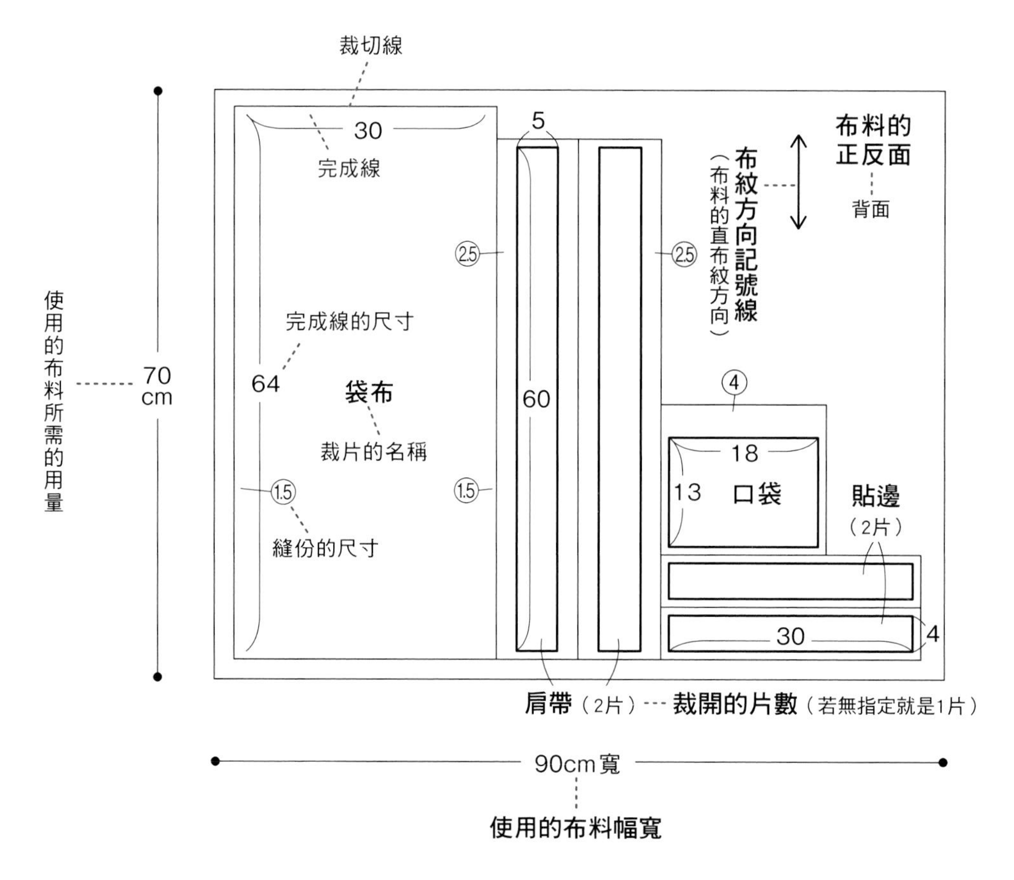

裁切線
30
完成線
5
布料的
正反面
背面
布紋方向記號線
（布料的直布紋方向）
2.5
2.5
完成線的尺寸
使用的布料所需的用量
70
cm
64
袋布
60
裁片的名稱
4
18
13
口袋
貼邊
（2片）
1.5
1.5
縫份的尺寸
30
4
肩帶（2片）--- 裁開的片數（若無指定就是1片）
90cm寬
使用的布料幅寬

裁布圖・作法的尺寸單位全部為cm。

P.11 NO.4 蓬鬆百褶包

材料

表布［11號帆布 薰衣草（28）］寬75cm×70cm

車線 30番　車針 14號

完成尺寸 高30cm　寬30cm

表布裁布圖

※○裡數字是縫份的尺寸。
除了指定之外，其餘縫份預留1cm。

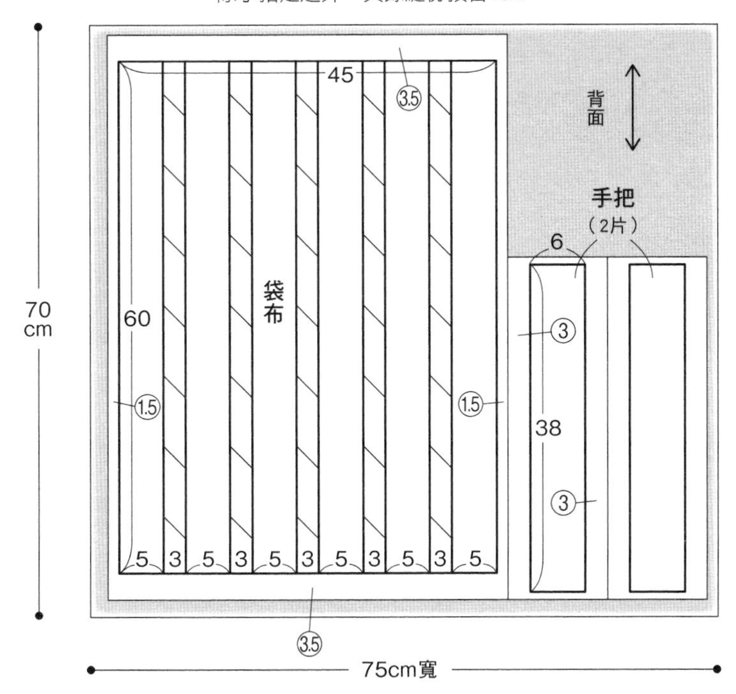

45
3.5
背面
手把
（2片）
6
袋布
60
70 cm
1.5
3
38
5 3 5 3 5 3 5 3 5 3 5
3.5
75cm寬

作法

1 褶子的摺疊方法

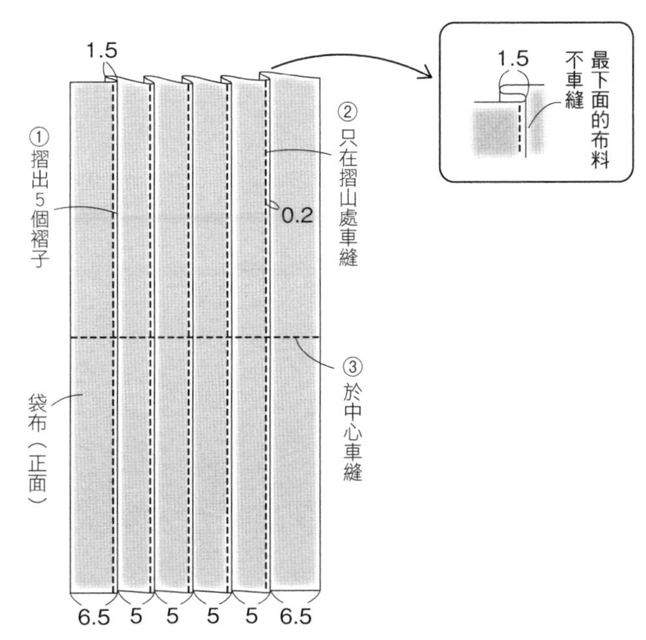

1.5
①摺出5個褶子
②只在摺山處車縫
0.2
③於中心車縫
袋布（正面）
6.5 5 5 5 5 6.5
1.5
不車縫
最下面的布料

2 車縫袋布的脇邊

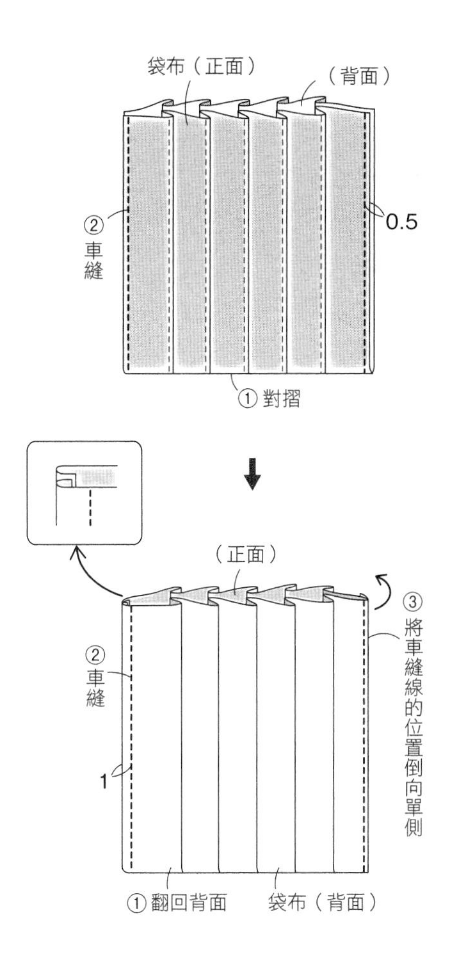

袋布（正面）
（背面）
②車縫
0.5
①對摺
（正面）
②車縫
③將車縫線的位置倒向單側
1
①翻回背面
袋布（背面）

3 縫合袋口

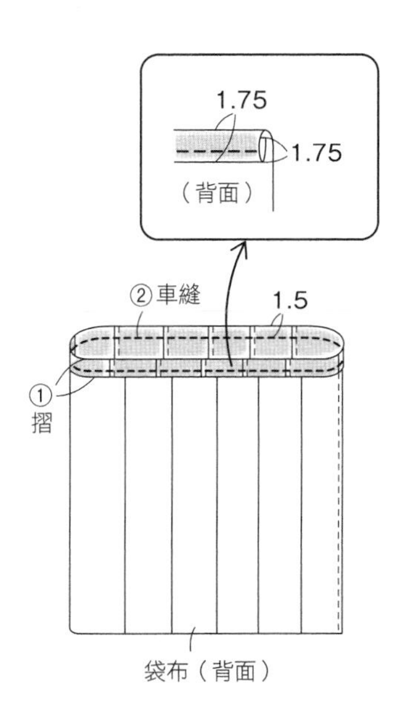

1.75
1.75
（背面）
②車縫
1.5
①摺
袋布（背面）

※袋口縫份的摺疊方法
請參考P.50

4 製作手把

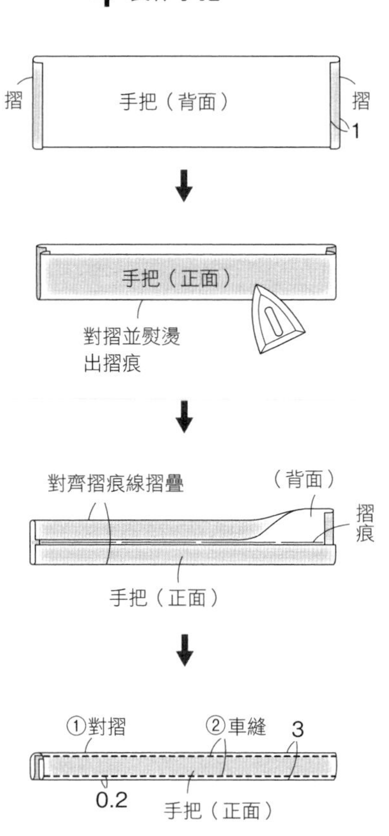

摺
手把（背面）
摺
1
手把（正面）
對摺並熨燙
出摺痕
對齊摺痕線摺疊
（背面）
摺痕
手把（正面）
①對摺
②車縫
3
0.2
手把（正面）

5 縫合手把

完成作品

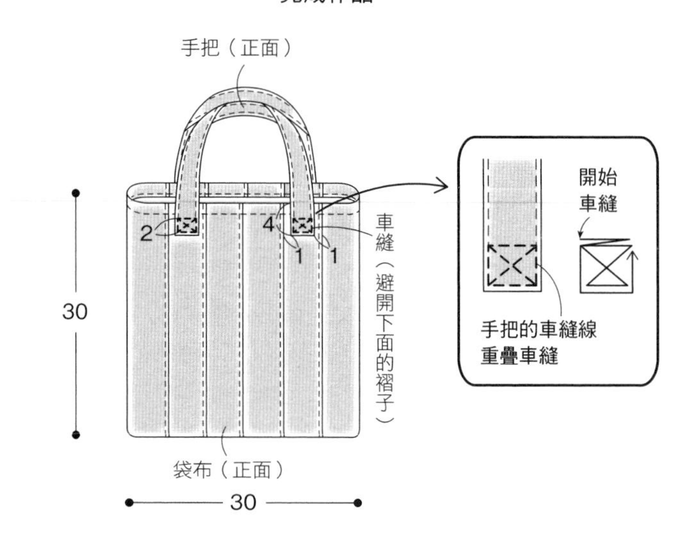

手把（正面）
2
4
1
1
車縫（避開下面的褶子）
30
袋布（正面）
30
開始車縫
手把的車縫線重疊車縫

P.26 NO.**13** 波士頓包

材料

表布［8號帆布 石洗加工布料 胡蘿蔔色（077）］
寬90cm×110cm
全開式拉鍊［長72cm］1條

車線 30番 **車針** 14號

完成尺寸 高25cm 寬45cm 側身25cm

表布裁布圖

※○裡數字是縫份的尺寸。
除了指定之外，其餘縫份預留1cm。

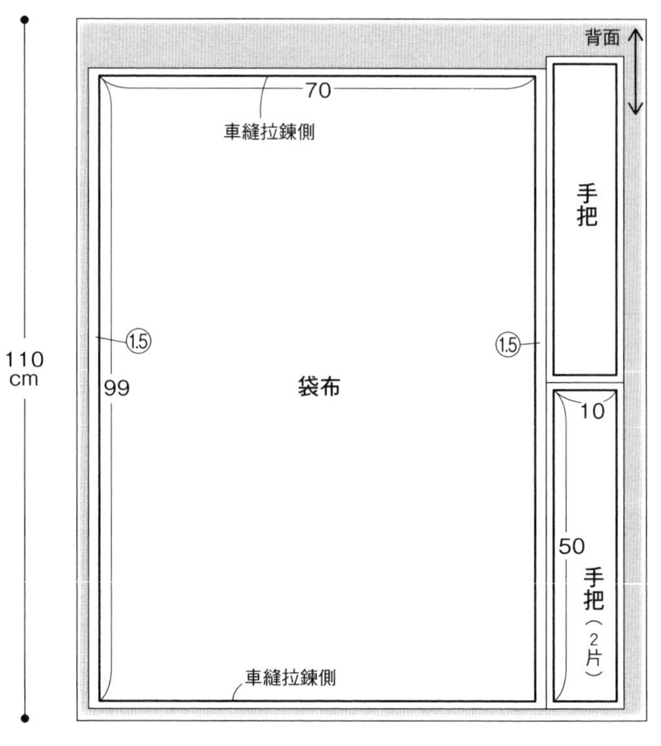

背面
70
車縫拉鍊側
手把
1.5
1.5
110 cm
99
袋布
10
50
手把（2片）
車縫拉鍊側
90cm寬

作法

1 縫合拉鍊

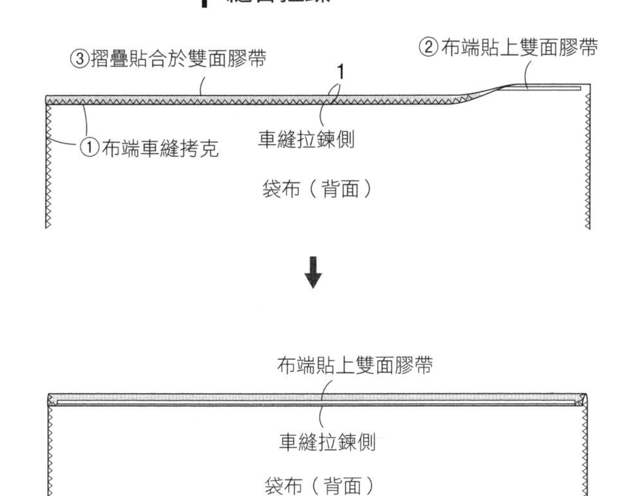

③摺疊貼合於雙面膠帶
②布端貼上雙面膠帶
1
①布端車縫拷克
車縫拉鍊側
袋布（背面）
布端貼上雙面膠帶
車縫拉鍊側
袋布（背面）

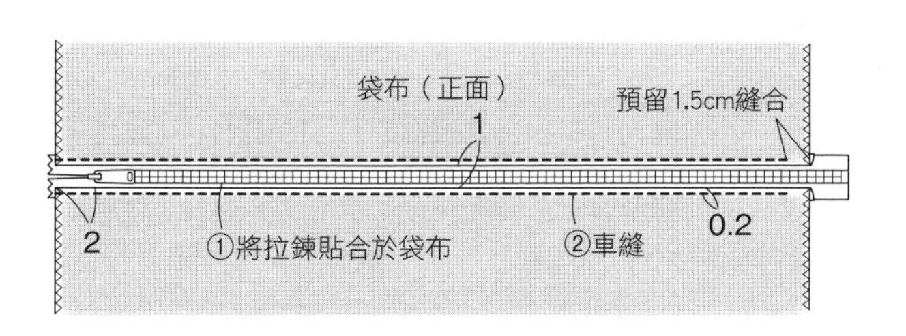

袋布（正面）
預留1.5cm縫合
1
2
①將拉鍊貼合於袋布
②車縫
0.2

2 摺疊袋布的脇邊縫合

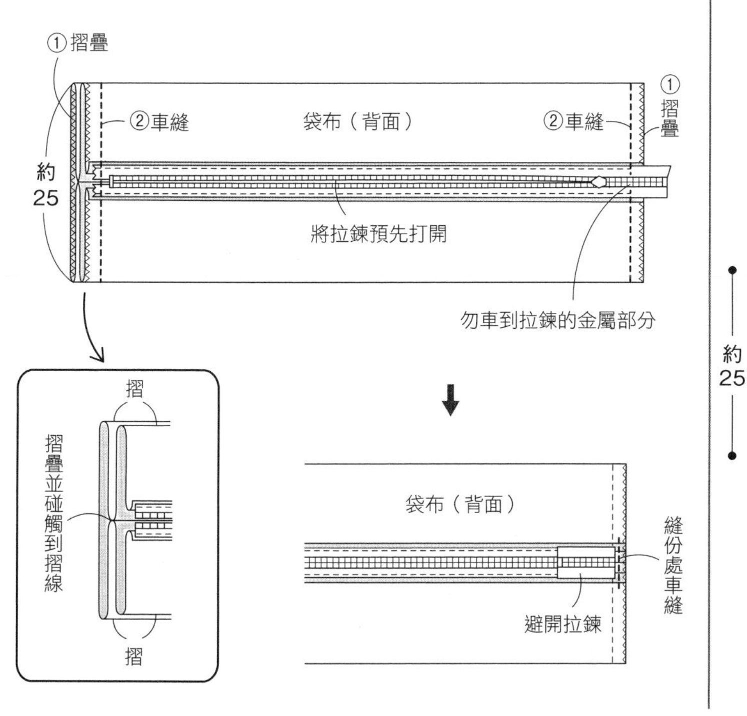

①摺疊
②車縫
袋布（背面）
②車縫
①摺疊
約25
將拉鍊預先打開
勿車到拉鍊的金屬部分
摺
摺疊並碰觸到摺線
摺
袋布（背面）
縫份處車縫
避開拉鍊

3 製作手把

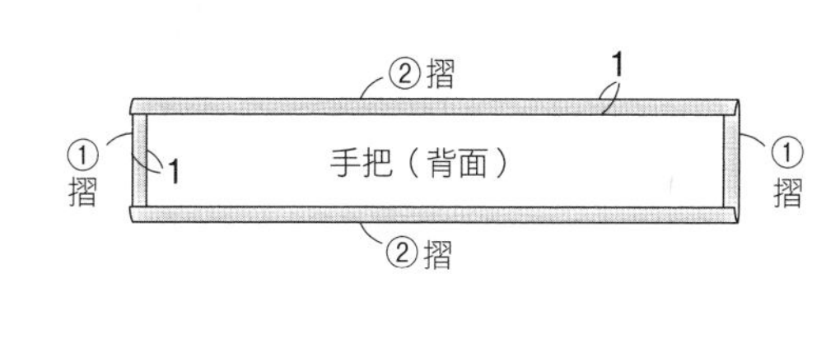

②摺
1
①摺
1
手把（背面）
①摺
②摺

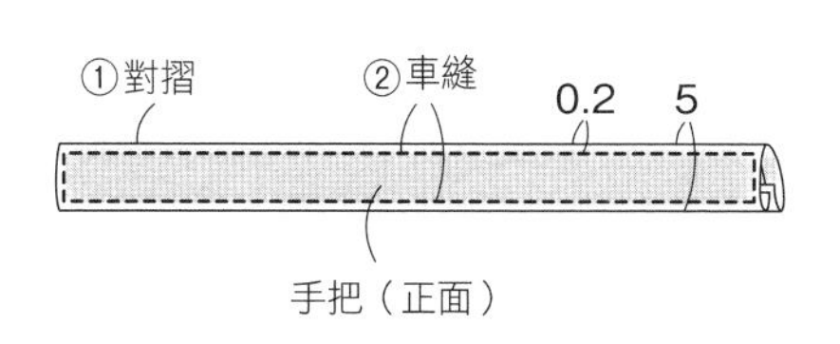

①對摺
②車縫
0.2
5
手把（正面）

4 縫合手把

完成作品

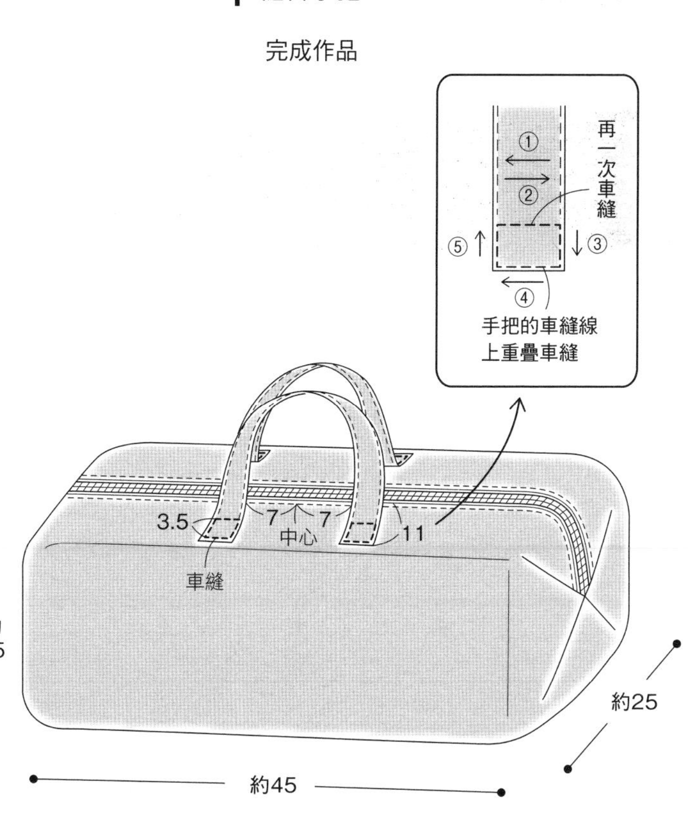

①
②
再一次車縫
⑤
③
④
手把的車縫線上重疊車縫
3.5
7
7
中心
11
車縫
約25
約25
約45

P. 5 NO.2 特殊手把托特包

a材料
表布［調色盤系彩色帆布（11號） R］寬55cm×55cm
別布［調色盤系彩色帆布印花（11號）格子印花 R］寬15cm×50cm

b材料
表布［調色盤系彩色帆布印花（11號）格子印花 BK］寬55cm×55cm
別布［調色盤系彩色帆布（11號）BK］寬20cm×35cm

車線 30番　**車針** 14號

完成尺寸 高24cm 寬23cm

表布裁布圖
※a・b共用

※○裡數字是縫份的尺寸。
除了指定之外，其餘縫份預留1cm。

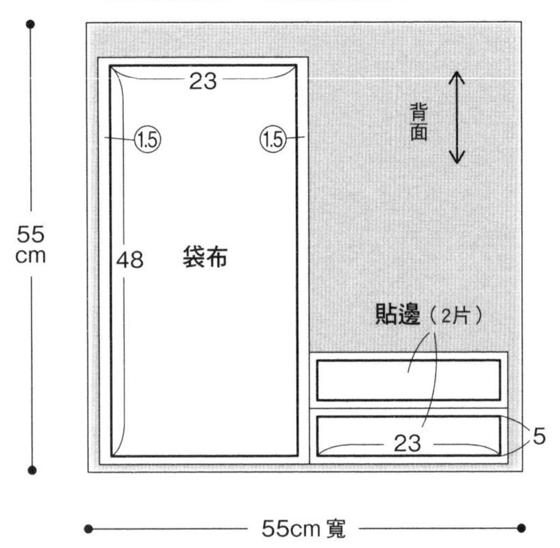

23
1.5
1.5
背面
55 cm
48
袋布
貼邊（2片）
23
5
55cm 寬

別布裁布圖

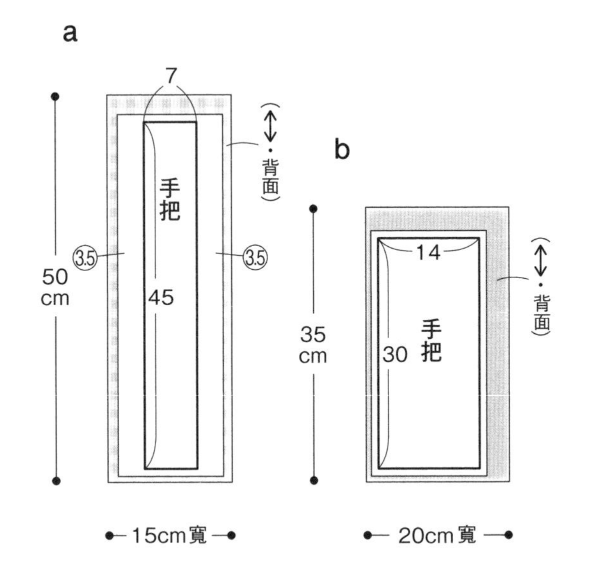

a
7
背面
手把
3.5
3.5
50 cm
45
15cm寬
b
14
背面
35 cm
30
手把
20cm寬

作法

1 製作手把

a

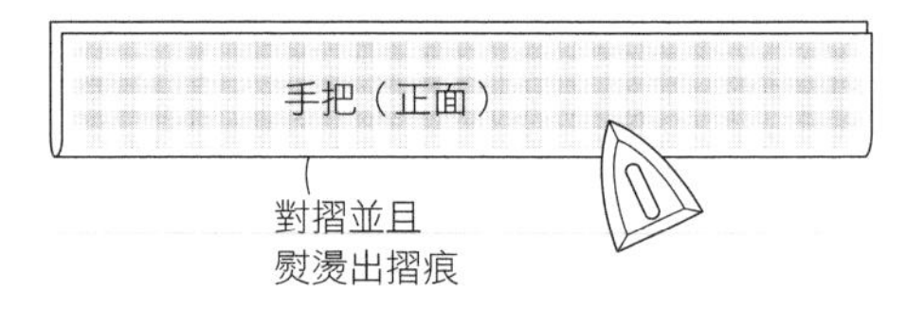

手把（正面）
對摺並且
熨燙出摺痕

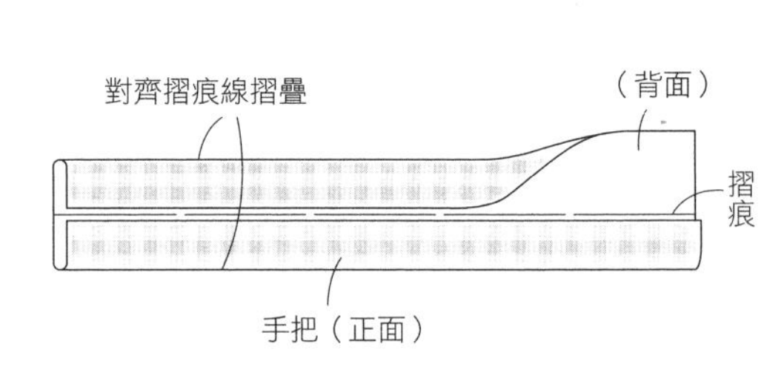

對齊摺痕線摺疊
（背面）
摺痕
手把（正面）

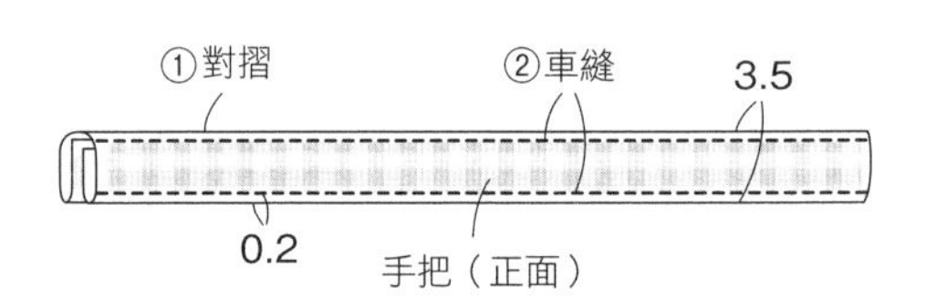

①對摺
②車縫
3.5
0.2
手把（正面）

b

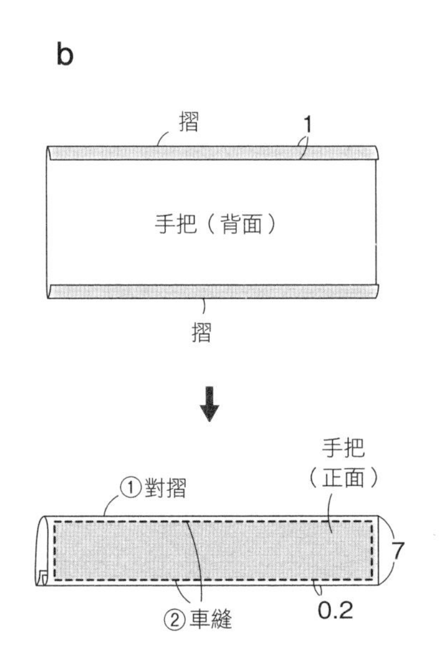

摺
1
手把（背面）
摺
手把
（正面）
①對摺
7
②車縫
0.2

2 製作貼邊
※a・b共用

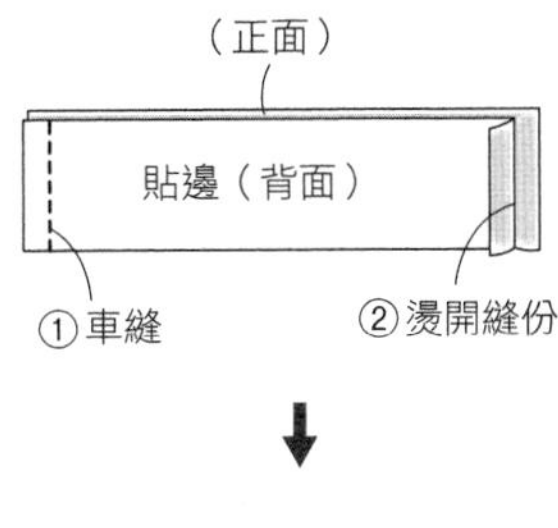

（正面）
貼邊（背面）
①車縫
②燙開縫份

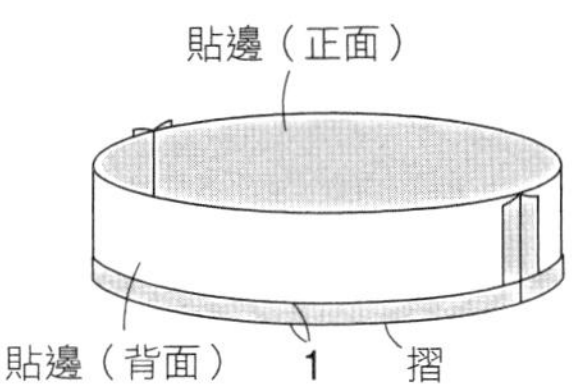

貼邊（正面）
貼邊（背面）
1
摺

3 將手把縫合固定於貼邊

a

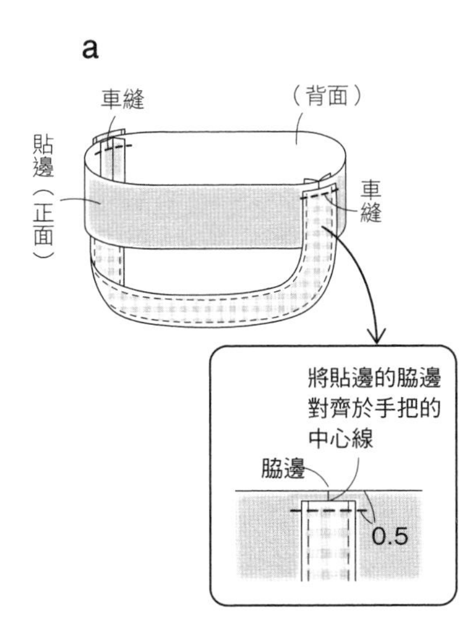

車縫
（背面）
貼邊（正面）
車縫
將貼邊的脇邊對齊於手把的中心線
脇邊
0.5

b

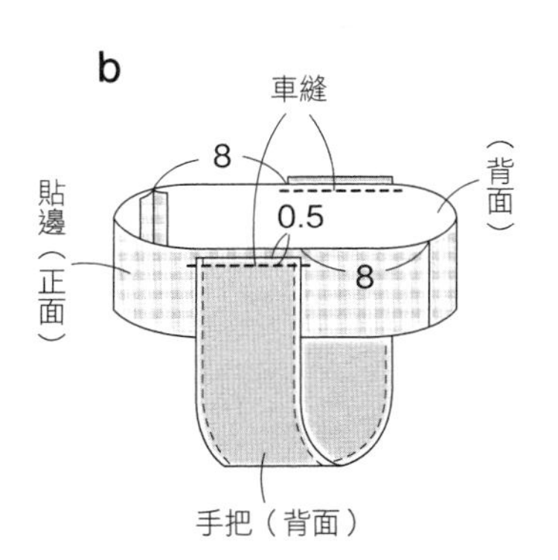

車縫
8
0.5
8
貼邊（正面）
（背面）
手把（背面）

4 縫合袋布的脇邊
※a・b共用

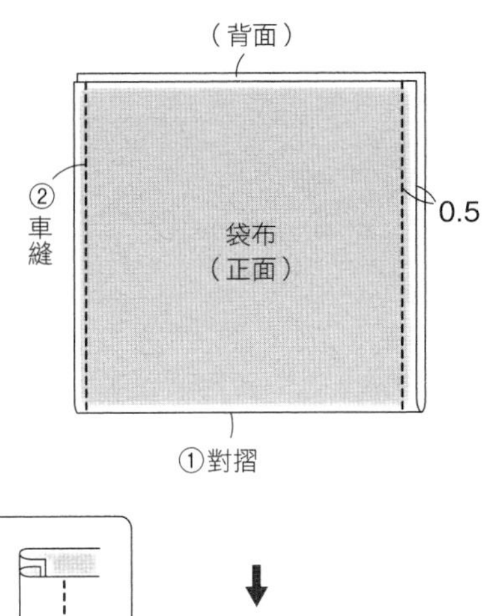

（背面）
②車縫
0.5
袋布（正面）
①對摺

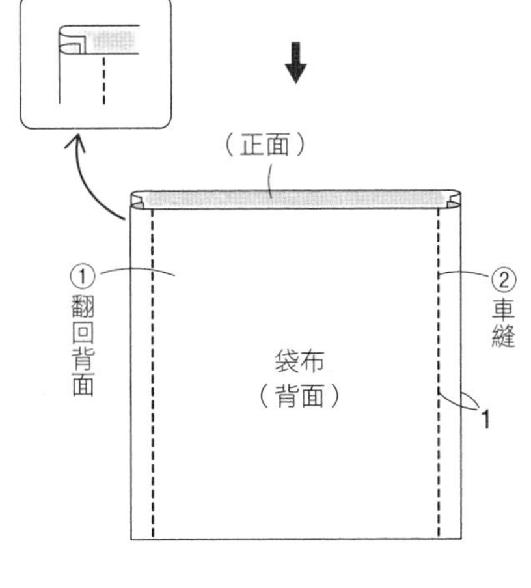

（正面）
①翻回背面
②車縫
袋布（背面）
1

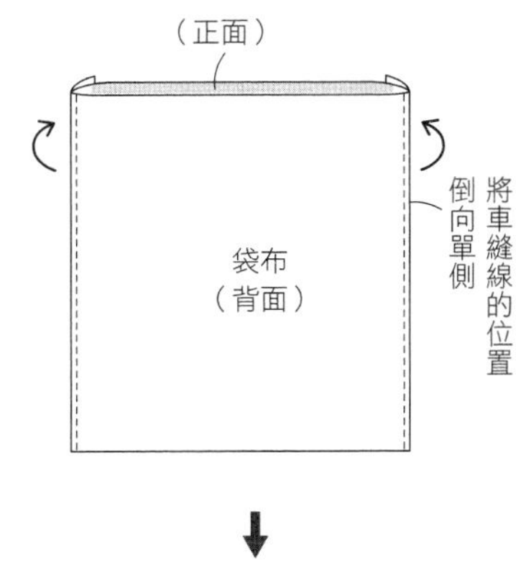

（正面）
袋布（背面）
將車縫線的位置倒向單側

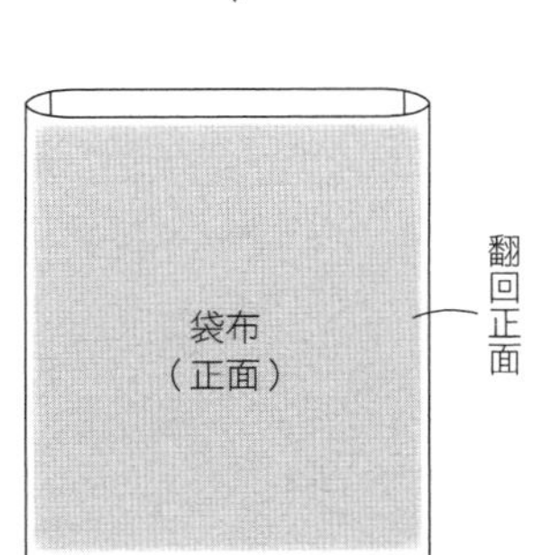

袋布（正面）
翻回正面

5 縫合貼邊
※a・b共用

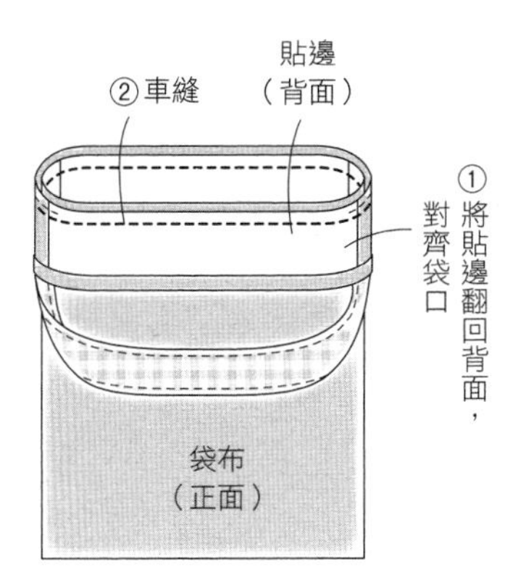

②車縫
貼邊（背面）
①將貼邊翻回背面，對齊袋口
袋布（正面）

6 縫合袋口

完成作品

a

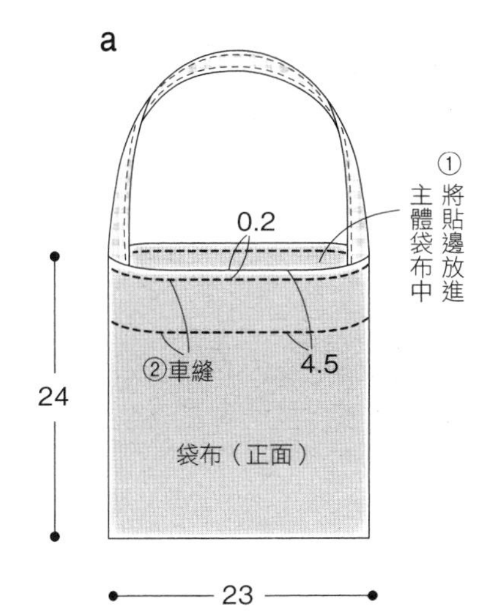

①將貼邊放進主體袋布中
0.2
②車縫
4.5
24
袋布（正面）
23

b

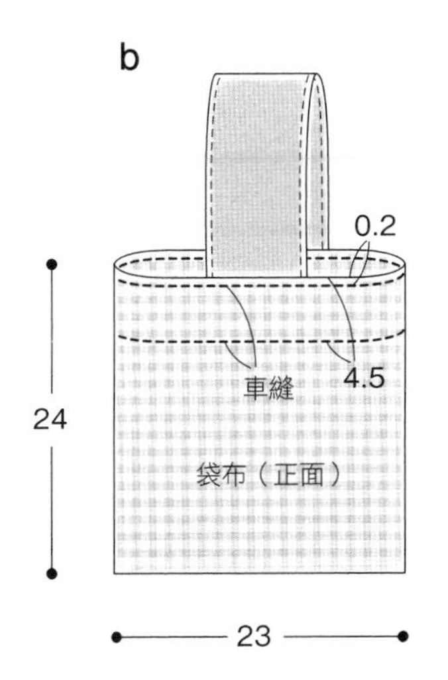

0.2
車縫
4.5
24
袋布（正面）
23

P.10 NO. **3** **摺疊式立體包**

材料
表布［8號帆布 胚布原色（008）］寬70cm×70cm
別布［8號帆布雙色橫條紋圖案 檸檬色（211）/ 灰色（213）］
寬100cm×50cm
人字帶［2cm寬］180cm

車線 30番　**車針** 14號

完成尺寸 高32cm　寬42cm 側身16cm

表布裁布圖

※○裡數字是縫份的尺寸。
除了指定之外，其餘縫份預留1cm。

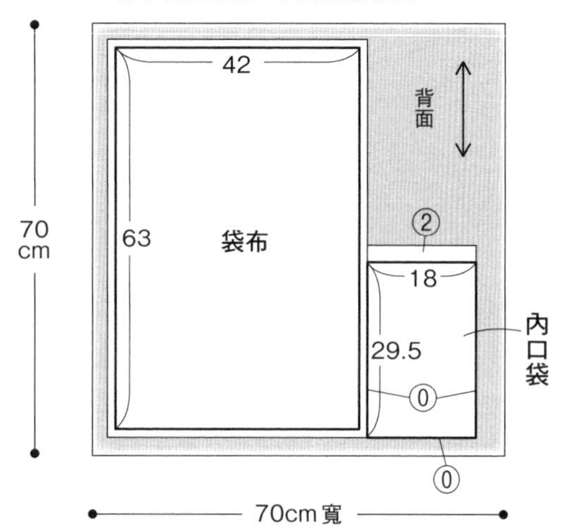

42
背面
70 cm
63
袋布
②
18
29.5
內口袋
⓪
⓪
70cm寬

別布裁布圖

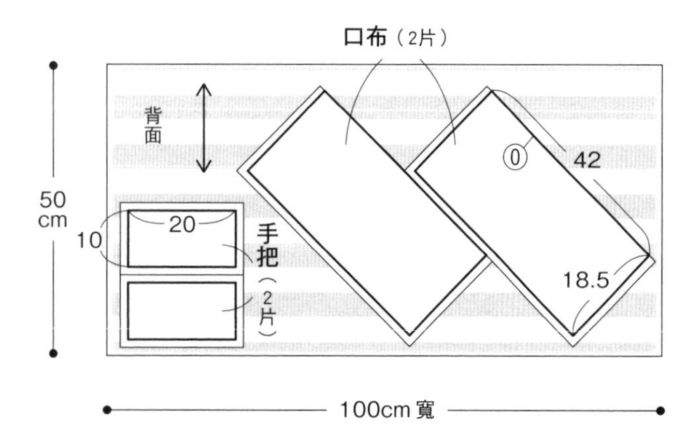

口布（2片）
背面
⓪
42
50 cm
10
20
手把（2片）
18.5
100cm寬

作法

1 縫合袋布的脇邊

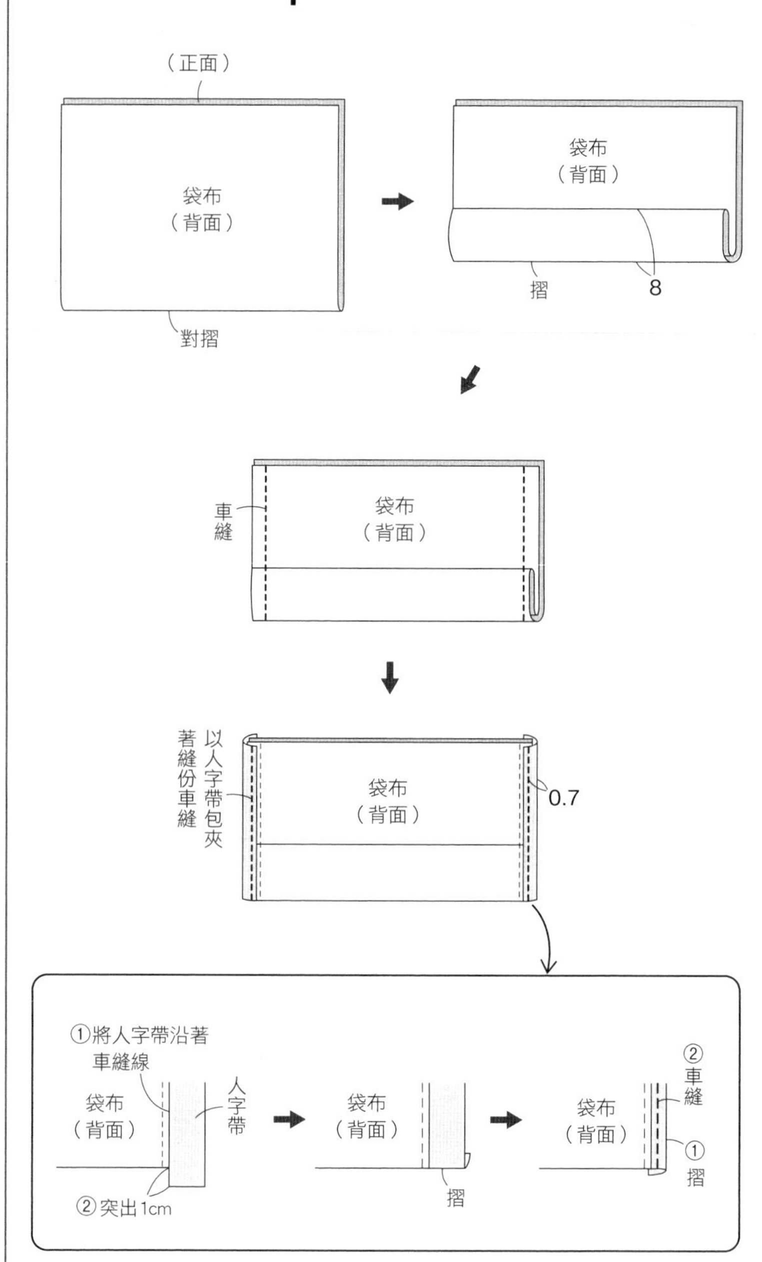

（正面）
袋布
（背面）
對摺
袋布
（背面）
摺
8
車縫
袋布
（背面）
以人字帶包夾著縫份車縫
袋布
（背面）
0.7
①將人字帶沿著車縫線
袋布
（背面）
人字帶
②突出1cm
袋布
（背面）
摺
②車縫
袋布
（背面）
①
摺

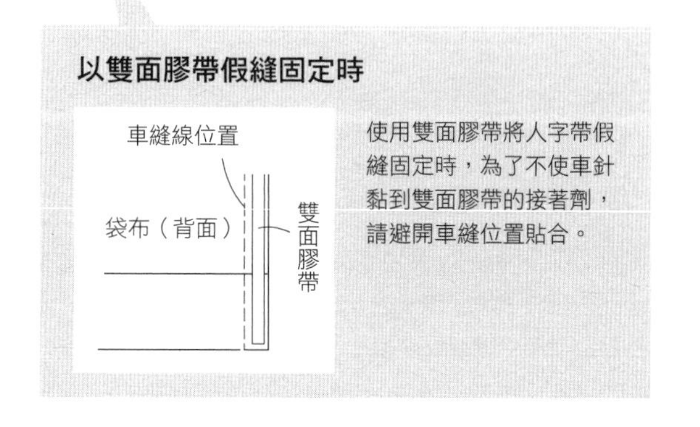

以雙面膠帶假縫固定時
車縫線位置
袋布（背面）
雙面膠帶
使用雙面膠帶將人字帶假縫固定時，為了不使車針黏到雙面膠帶的接著劑，請避開車縫位置貼合。

2 製作內口袋

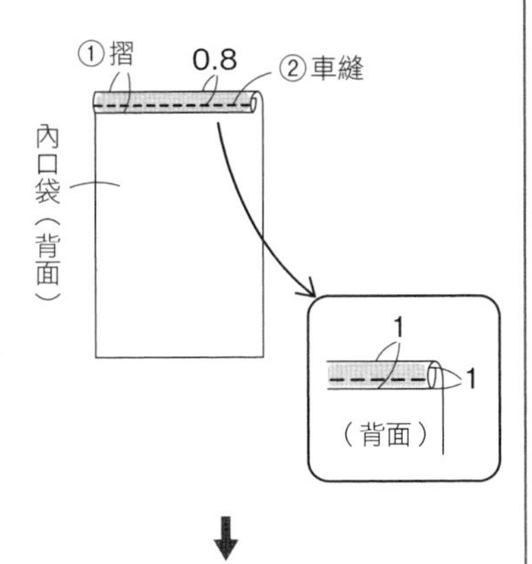

①摺
0.8
②車縫
內口袋（背面）
1
1
（背面）

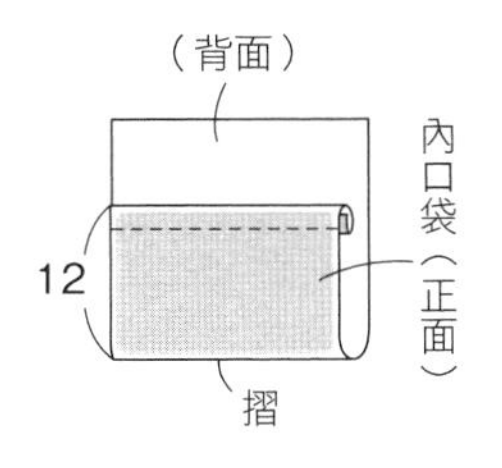

（背面）
內口袋（正面）
12
摺

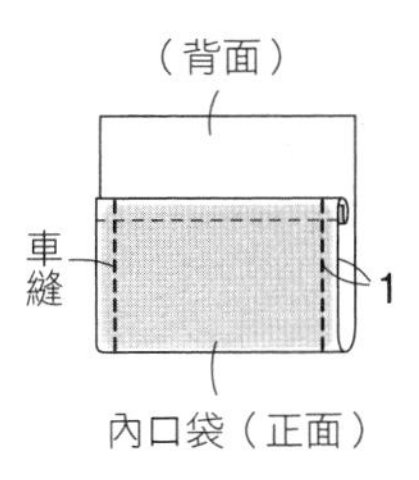

（背面）
車縫
1
內口袋（正面）

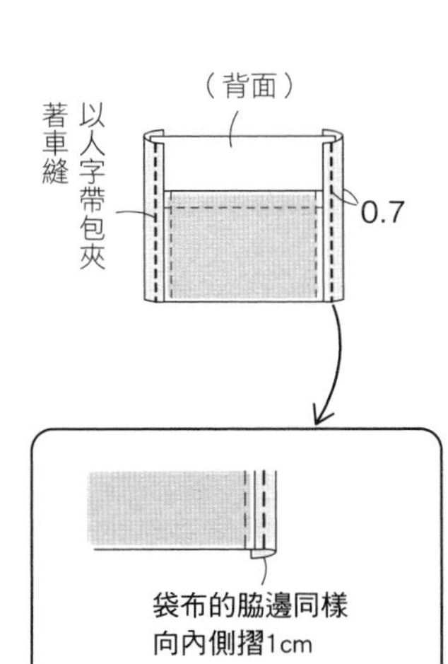

（背面）
以人字帶包夾著車縫
0.7
袋布的脇邊同樣
向內側摺1cm

3 縫合內口袋

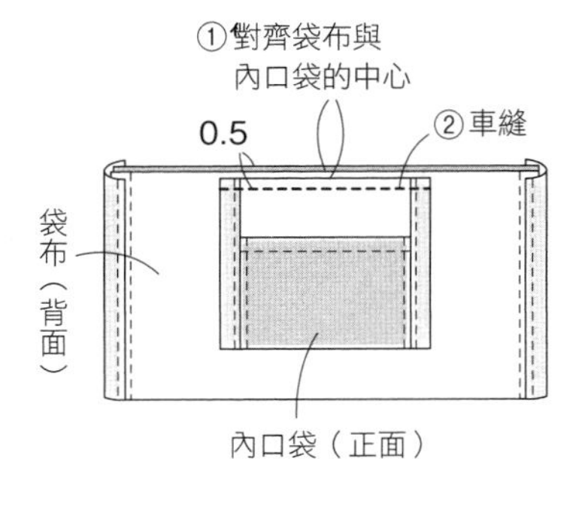

①對齊袋布與
內口袋的中心
0.5
②車縫
袋布（背面）
內口袋（正面）

4 製作手把

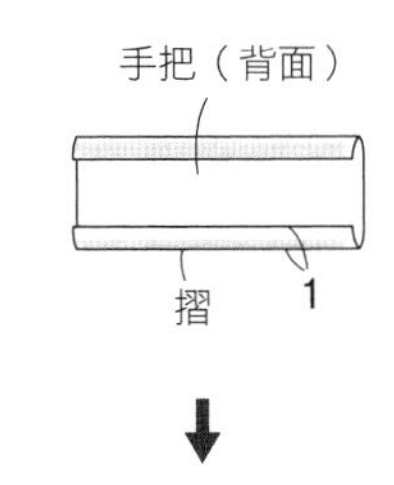

手把（背面）
摺
1

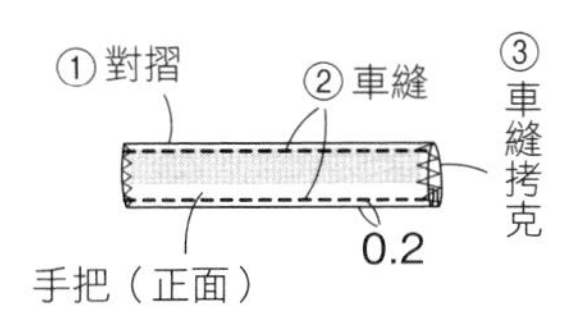

①對摺
②車縫
③車縫拷克
0.2
手把（正面）

5 製作口布

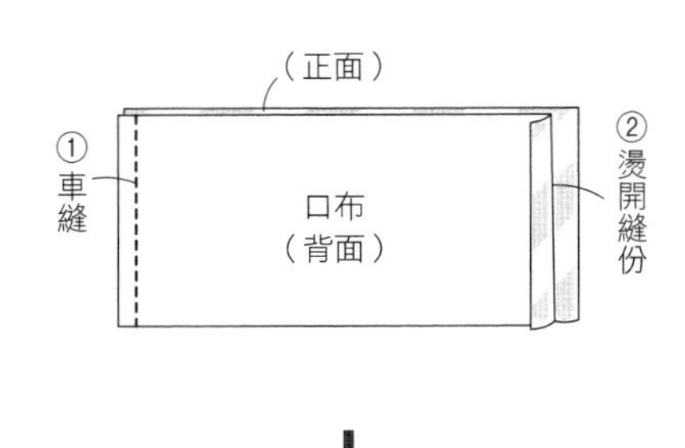

（正面）
①車縫
口布
（背面）
②燙開縫份

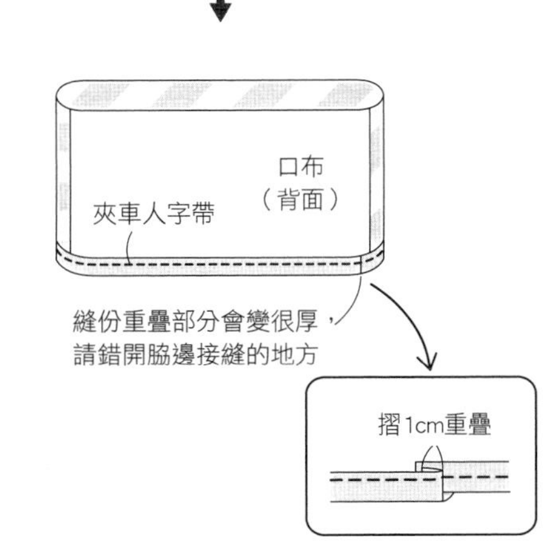

口布
（背面）
夾車人字帶
縫份重疊部分會變很厚，
請錯開脇邊接縫的地方
摺1cm重疊

6 縫合口布

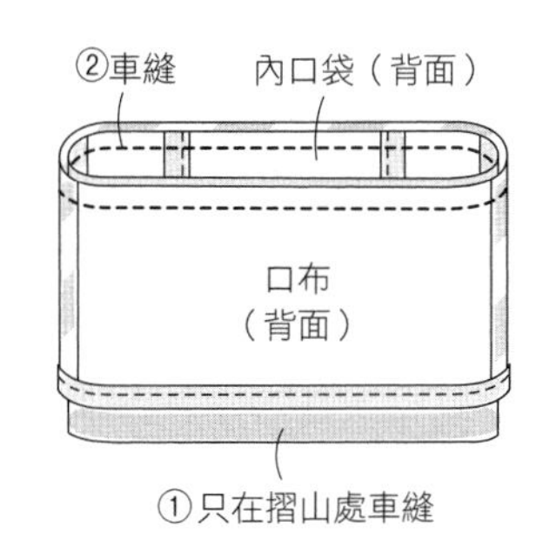

②車縫
內口袋（背面）
口布
（背面）
①只在摺山處車縫

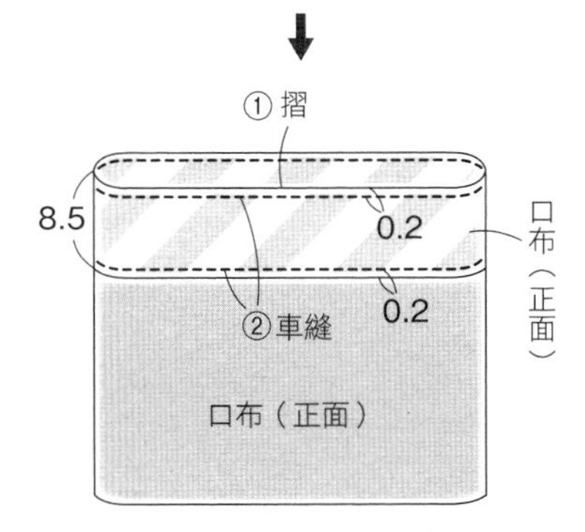

①摺
8.5
0.2
口布（正面）
②車縫
0.2
口布（正面）

7 縫合手把

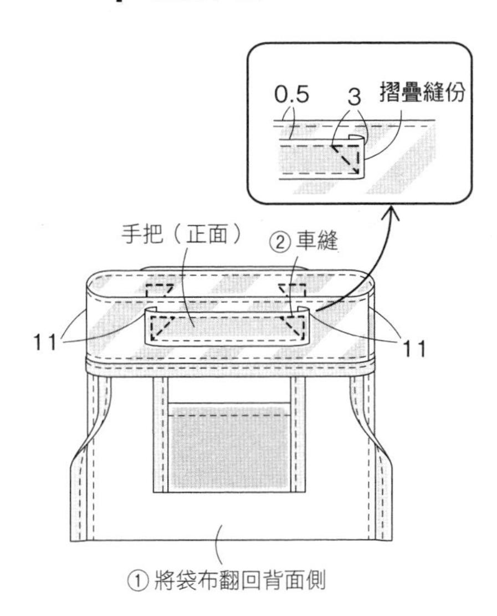

0.5
3
摺疊縫份
手把（正面）
②車縫
11
11
①將袋布翻回背面側

完成作品

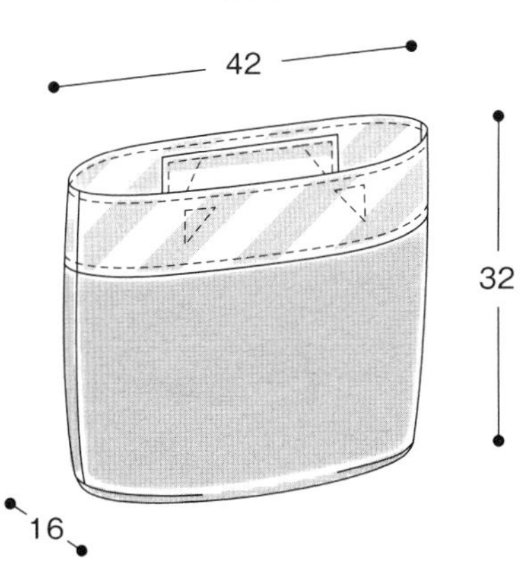

42
32
16

P.12 NO. **5** 附口袋托特包

a材料

表布［調色盤系彩色帆布（11號） CP］寬90cm×70cm

別布［調色盤系彩色帆布（11號）OW］寬25cm×25cm

b材料

表布［調色盤系彩色帆布（11號）OW］寬90cm×70cm

別布［調色盤系彩色帆布（11號）Y］寬25cm×25cm

車線 30番　**車針** 14號

完成尺寸 高24cm 寬26cm 側身12cm

表布裁布圖

※○裡數字是縫份的尺寸。
除了指定之外，其餘縫份預留1cm。

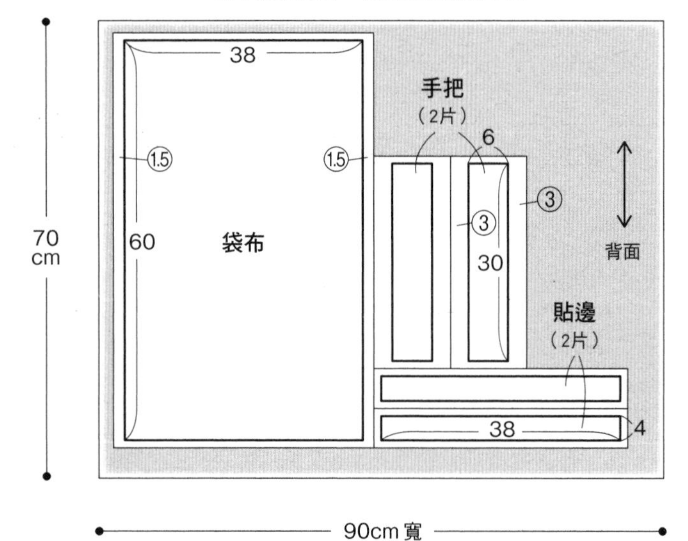

38
手把
(2片)
6
1.5
1.5
3
3
70
cm
60
袋布
30
背面
貼邊
(2片)
38
4
90cm寬

別布裁布圖

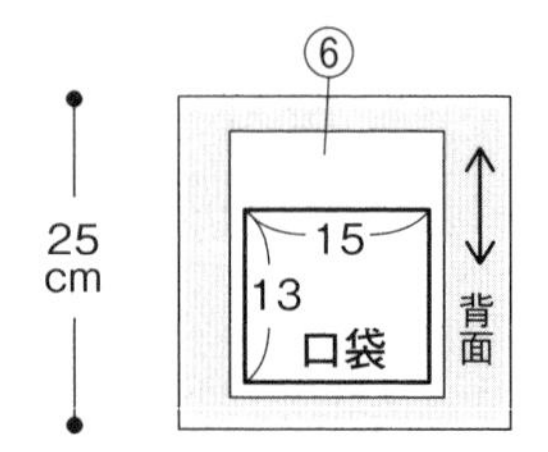

6
25
cm
15
13
口袋
背面
25cm寬

作法

1 製作口袋

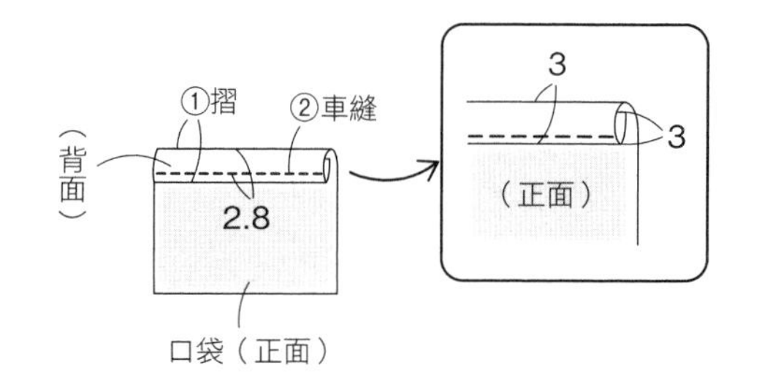

①摺
②車縫
(背面)
2.8
口袋（正面）
3
3
（正面）

車縫拷克
口袋（正面）
口袋（背面）
②摺
②摺
①摺

2 縫合口袋

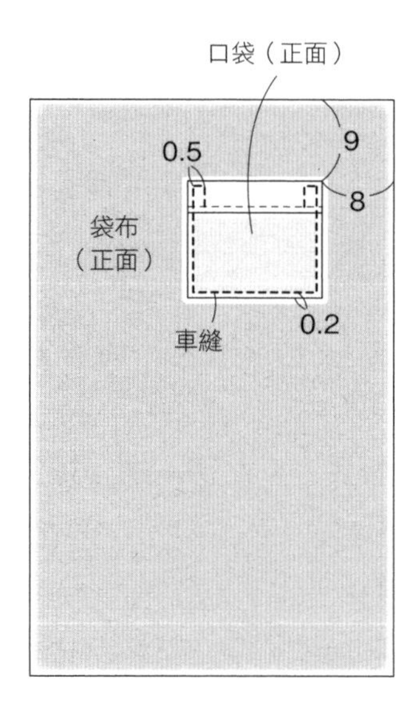

口袋（正面）
9
0.5
8
袋布
（正面）
車縫
0.2

3 製作手把

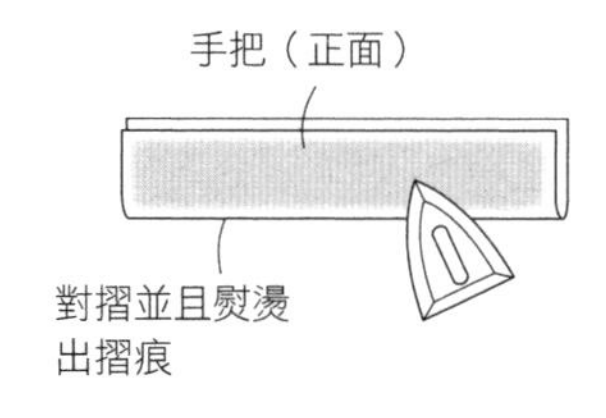

手把（正面）
對摺並且熨燙
出摺痕

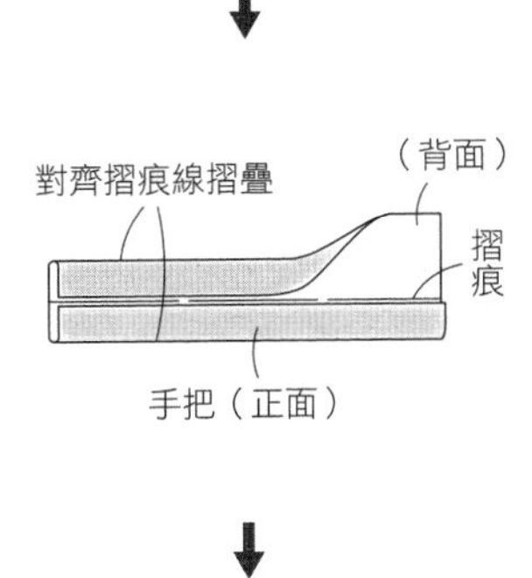
對齊摺痕線摺疊
（背面）
摺痕
手把（正面）

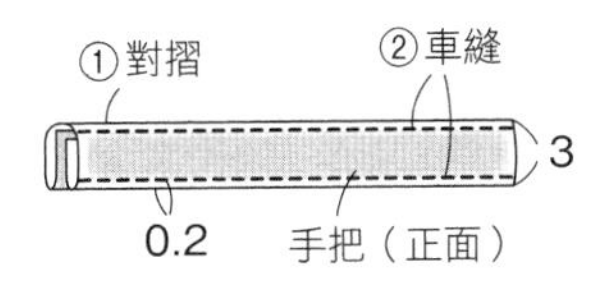
①對摺
②車縫
3
0.2
手把（正面）

4 製作貼邊

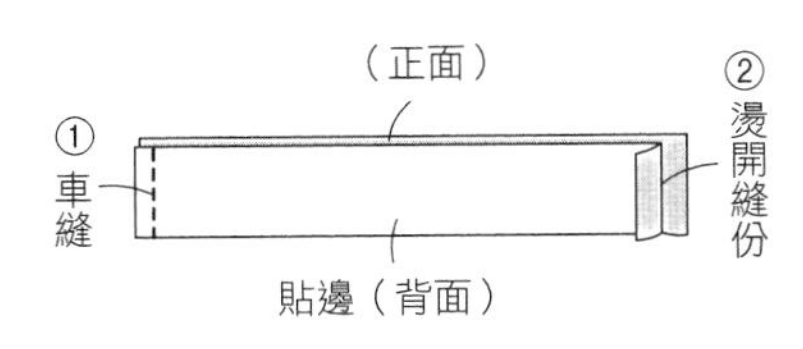
（正面）
①車縫
②燙開縫份
貼邊（背面）

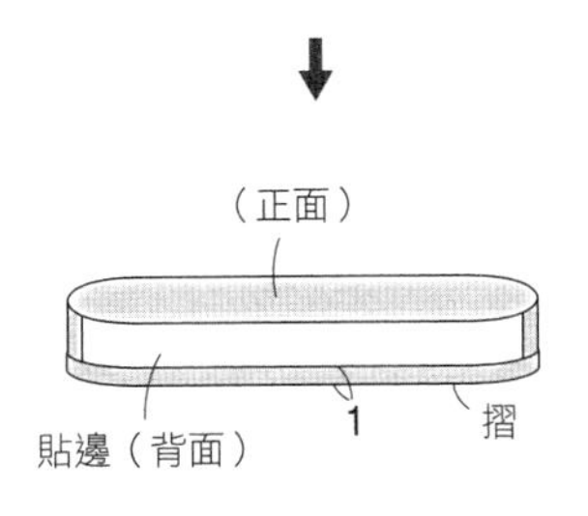
（正面）
貼邊（背面）
1
摺

5 將手把縫合固定於貼邊

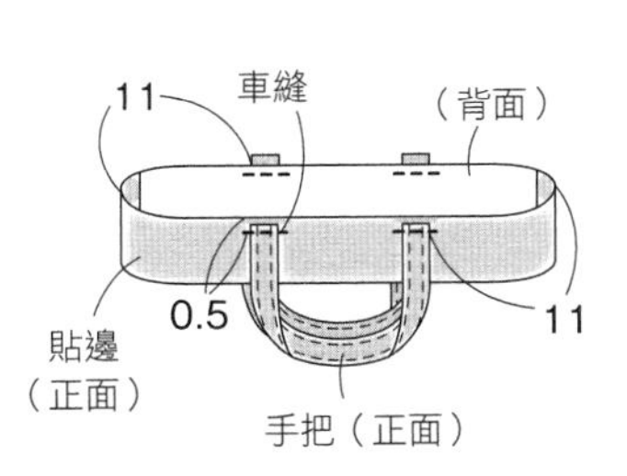
11
車縫
（背面）
貼邊（正面）
0.5
11
手把（正面）

6 縫合袋布的脇邊

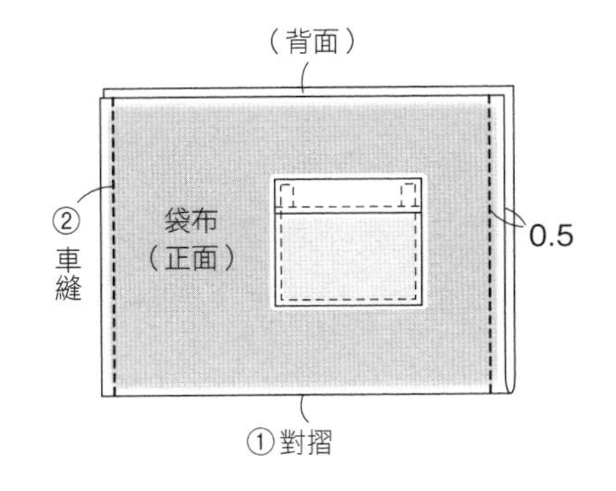
（背面）
②車縫
袋布（正面）
0.5
①對摺

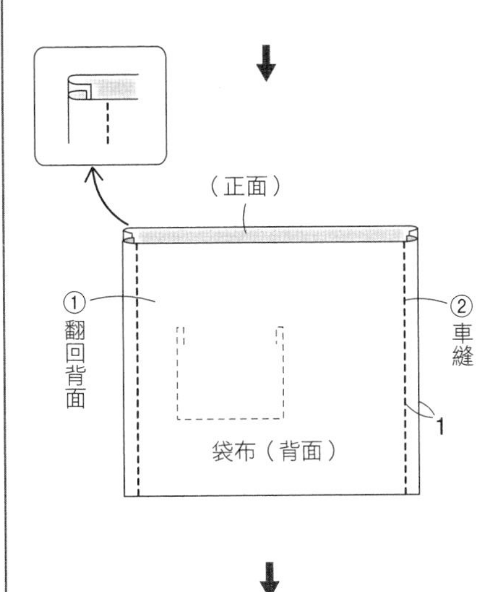
（正面）
①翻回背面
②車縫
1
袋布（背面）

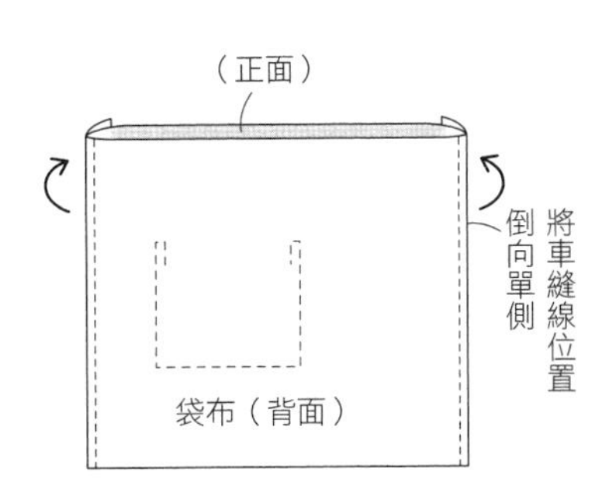
（正面）
將車縫線位置倒向單側
袋布（背面）

7 縫合貼邊

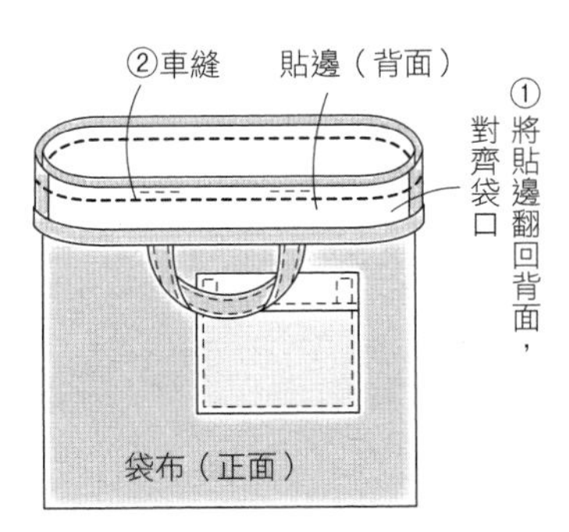
②車縫
貼邊（背面）
①將貼邊翻回背面，對齊袋口
袋布（正面）

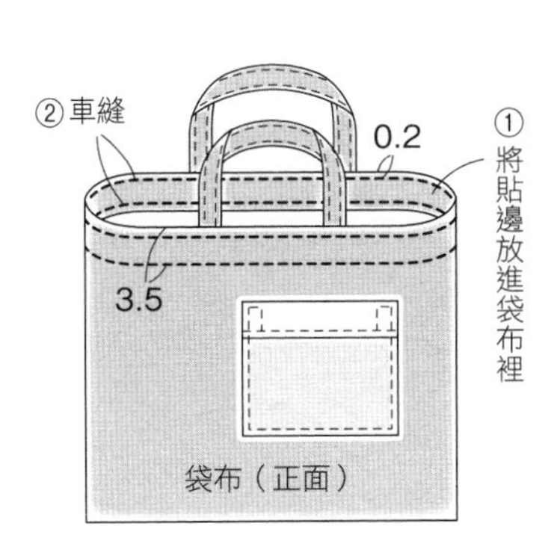
②車縫
0.2
①將貼邊放進袋布裡
3.5
袋布（正面）

8 縫合側身

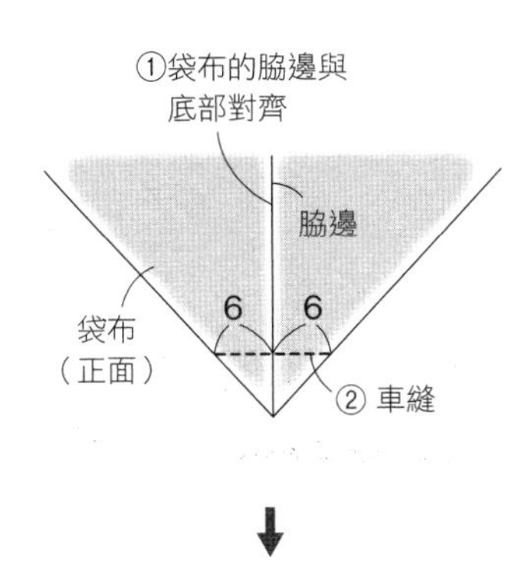
①袋布的脇邊與底部對齊
脇邊
6
6
袋布（正面）
②車縫

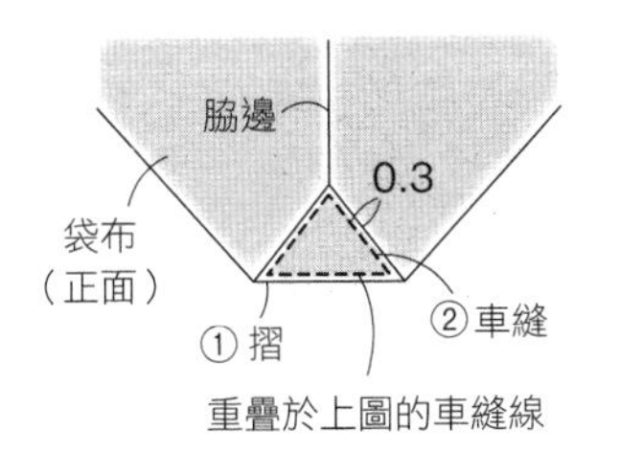
脇邊
0.3
袋布（正面）
①摺
②車縫
重疊於上圖的車縫線

完成作品

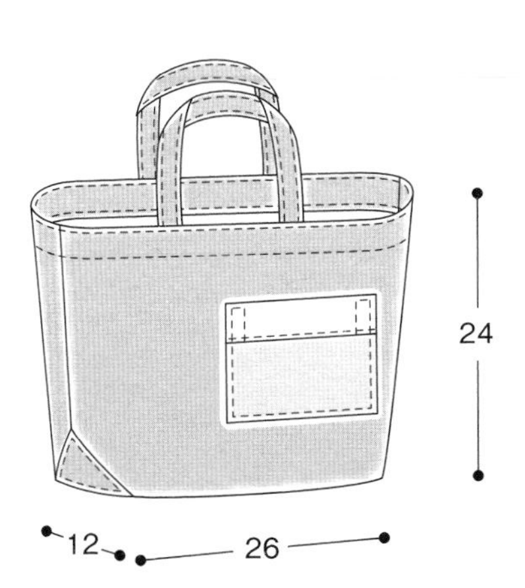
24
12
26

P.13 NO. 6 單手把托特包

材料
表布 [調色盤系彩色帆布（11號）R] 寬65cm×75cm

車線 30番　**車針** 14號

完成尺寸 高25cm　寬21cm　側身14cm

表布裁布圖

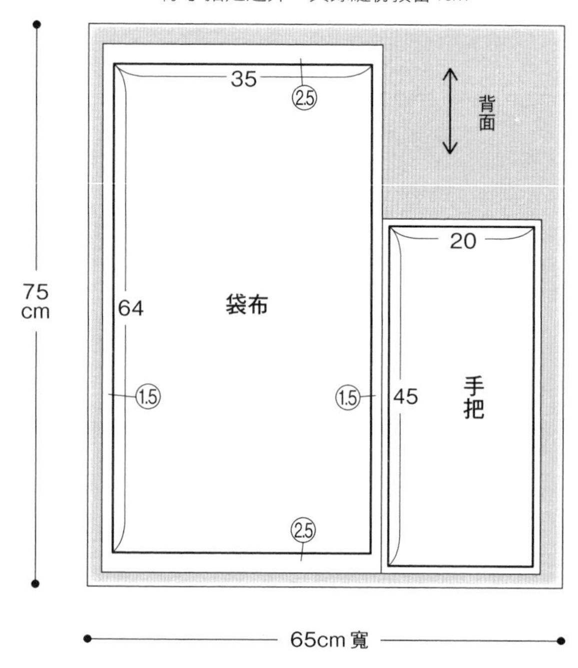

※○裡數字是縫份的尺寸。
除了指定之外，其餘縫份預留1cm。
35
2.5
背面
20
75cm
64
袋布
1.5
1.5
45
手把
2.5
65cm寬

作法

1 縫合袋布的脇邊

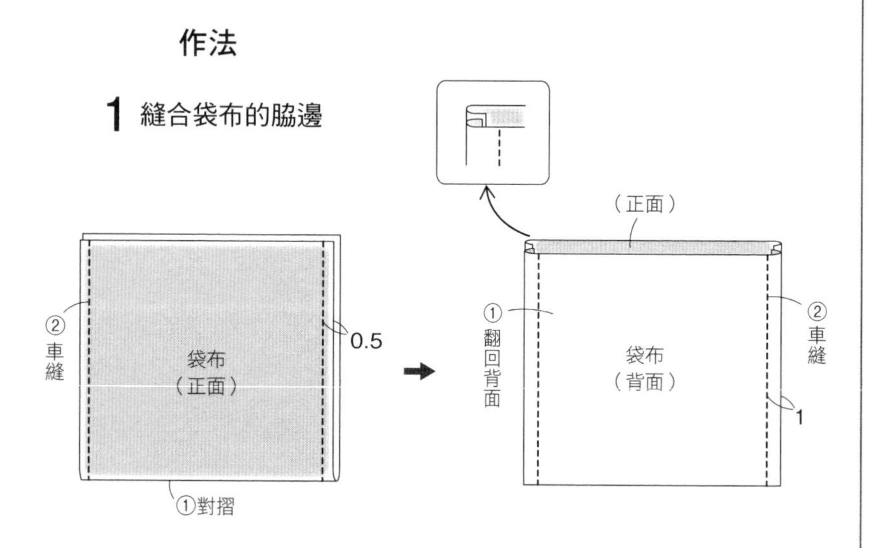

②車縫
袋布（正面）
0.5
①對摺
（正面）
①翻回背面
袋布（背面）
②車縫
1

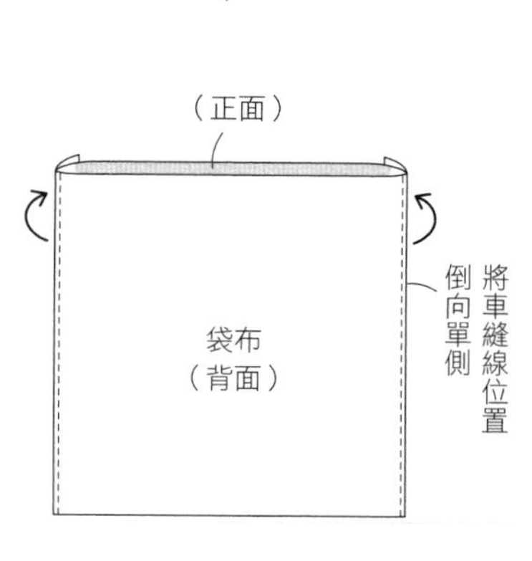

（正面）
袋布（背面）
將車縫線位置倒向單側

2 縫合袋口

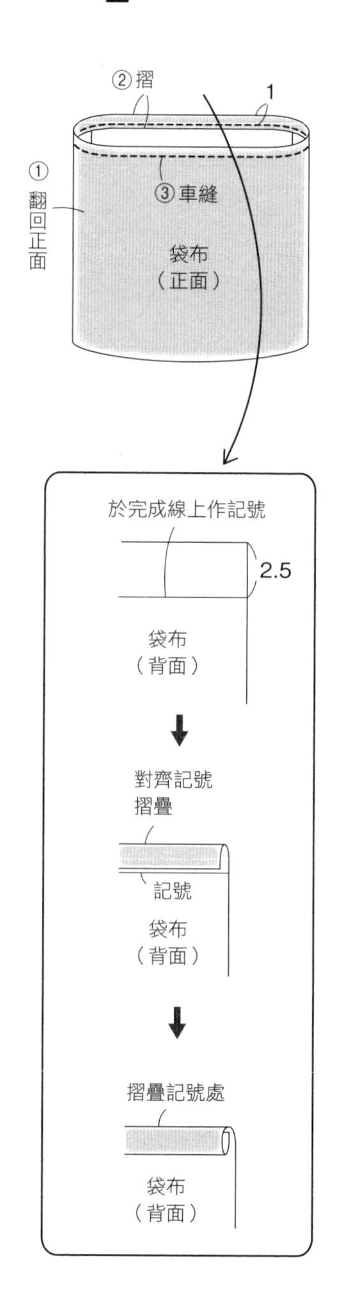

②摺
1
①翻回正面
③車縫
袋布（正面）
於完成線上作記號
2.5
袋布（背面）
對齊記號摺疊
記號
袋布（背面）
摺疊記號處
袋布（背面）

3 製作手把

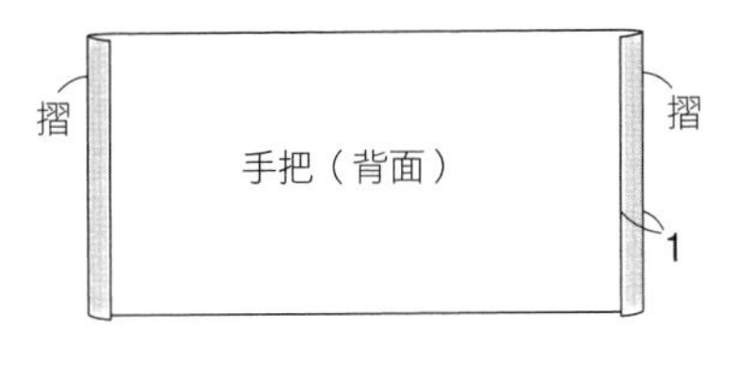
摺
摺
手把（背面）
1

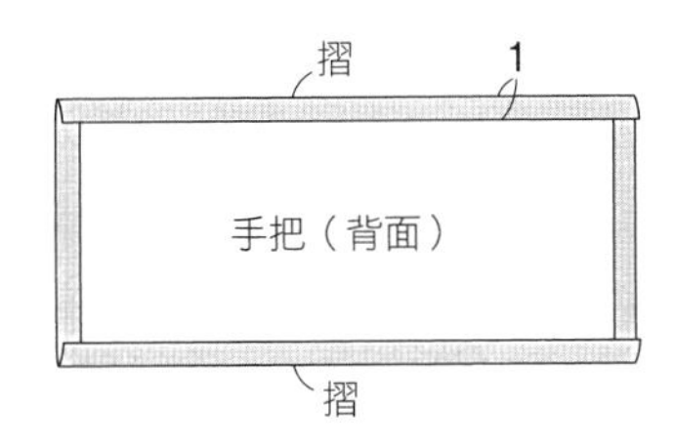
摺
1
手把（背面）
摺

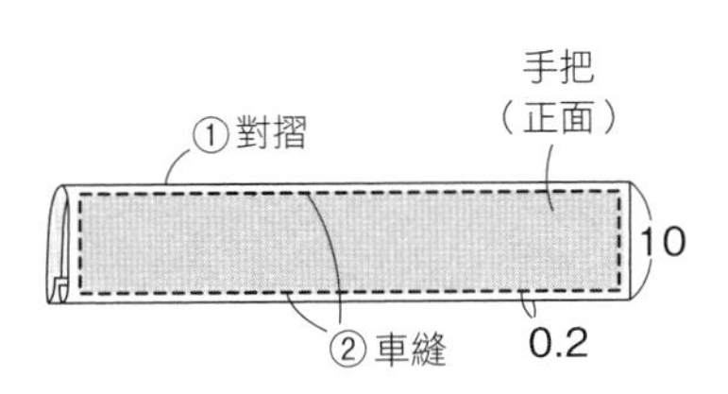
手把
（正面）
①對摺
10
②車縫
0.2

4 縫合手把

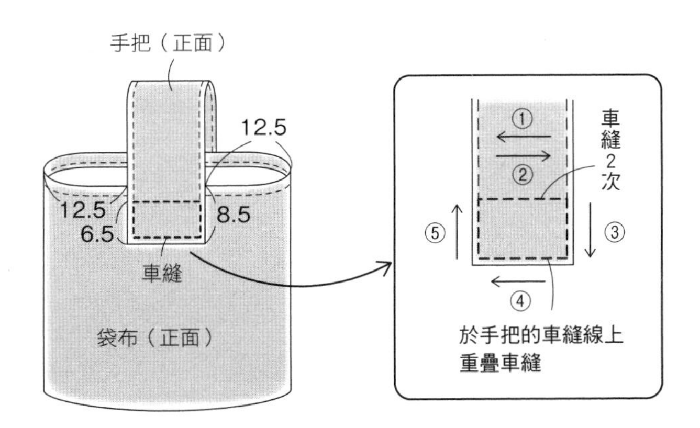
手把（正面）
12.5
12.5
6.5
8.5
車縫
袋布（正面）
①
②
車縫2次
⑤
③
④
於手把的車縫線上
重疊車縫

5 縫合側身

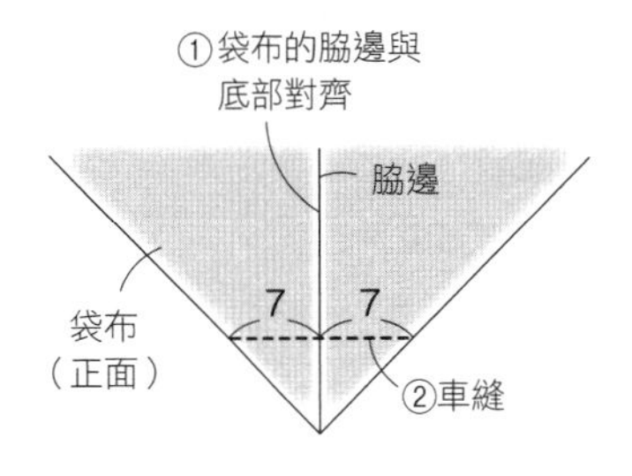
①袋布的脇邊與
底部對齊
脇邊
7
7
袋布
（正面）
②車縫

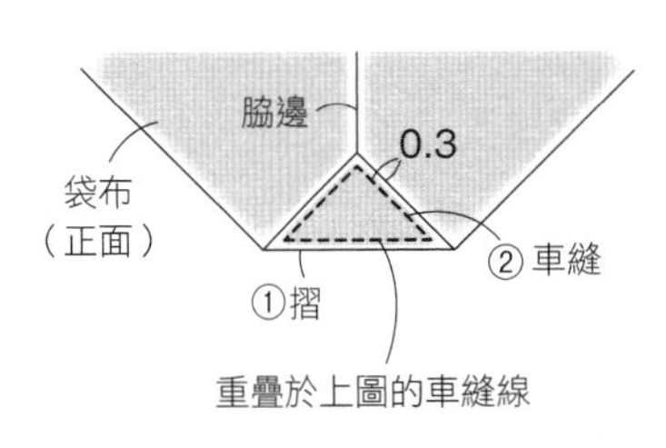
脇邊
0.3
袋布
（正面）
②車縫
①摺
重疊於上圖的車縫線

完成作品

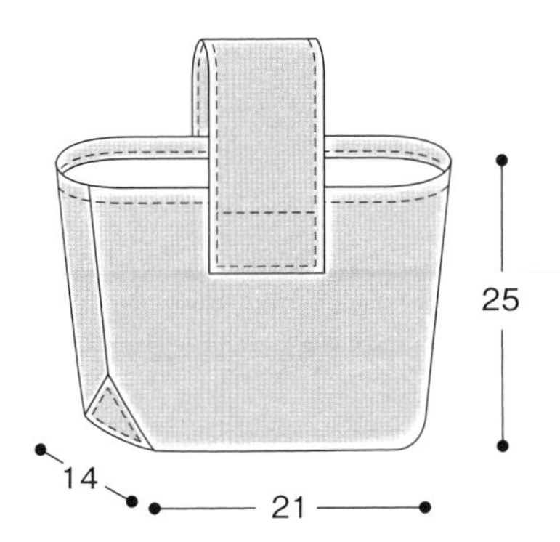
25
14
21

P.15 NO.8 實用大容量包

材料

表布［8號帆布 石洗加工 橄欖色（028）］
寬90cm×140cm
人字帶［2cm寬］120cm

車線 30番 **車針** 14號

完成尺寸 高33cm 寬31cm 側身24cm

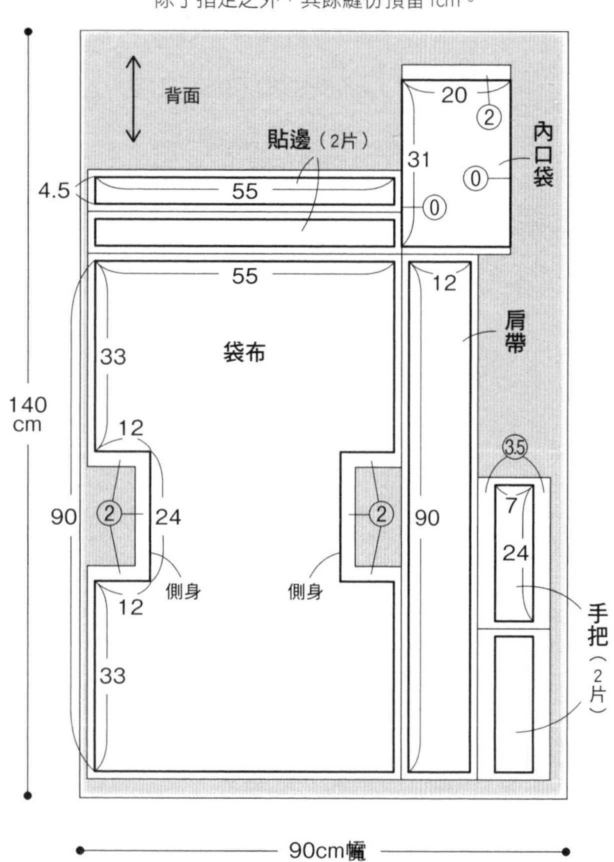

表布裁布圖
※○裡數字是縫份的尺寸。
除了指定之外，其餘縫份預留1cm。
背面
貼邊（2片）
內口袋
袋布
肩帶
手把（2片）
側身
140cm
90cm幅

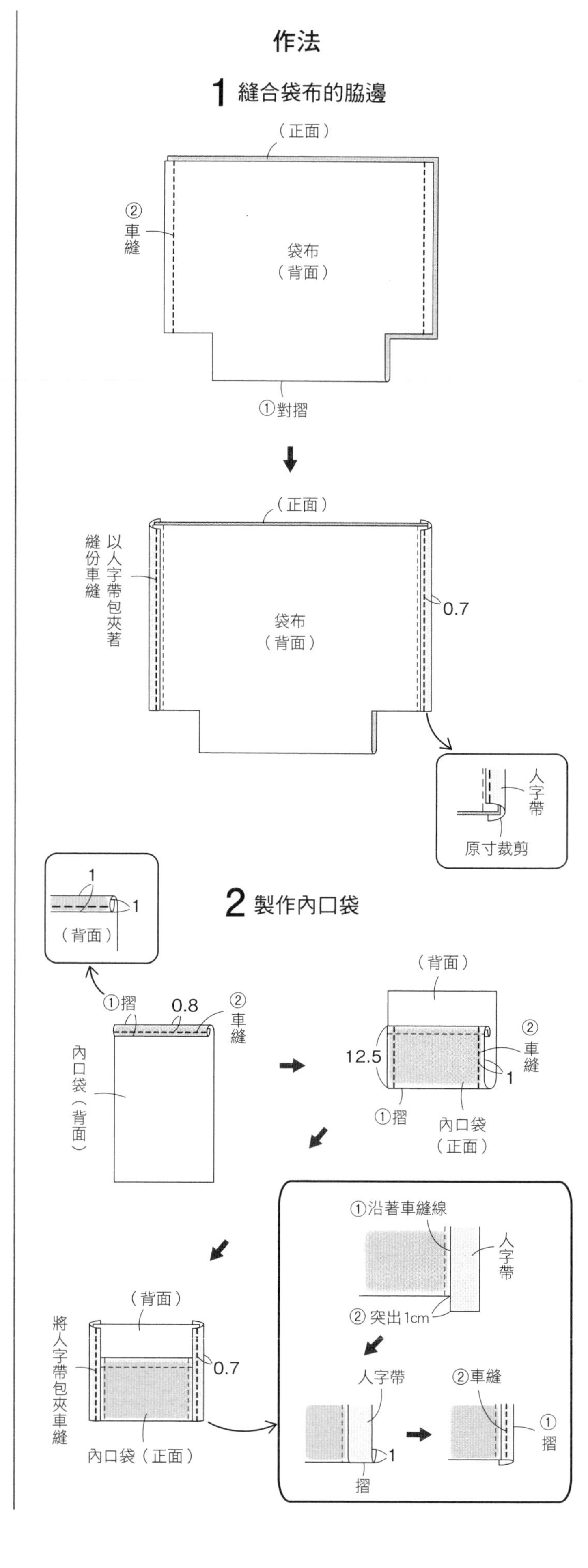

作法
1 縫合袋布的脇邊
（正面）
②車縫
袋布（背面）
①對摺
以人字帶包夾著縫份車縫
0.7
人字帶
原寸裁剪
2 製作內口袋
①摺
0.8
②車縫
內口袋（背面）
（背面）
12.5
1
內口袋（正面）
將人字帶包夾車縫
內口袋（正面）
①沿著車縫線
②突出1cm
人字帶
②車縫
摺

3 縫合內口袋

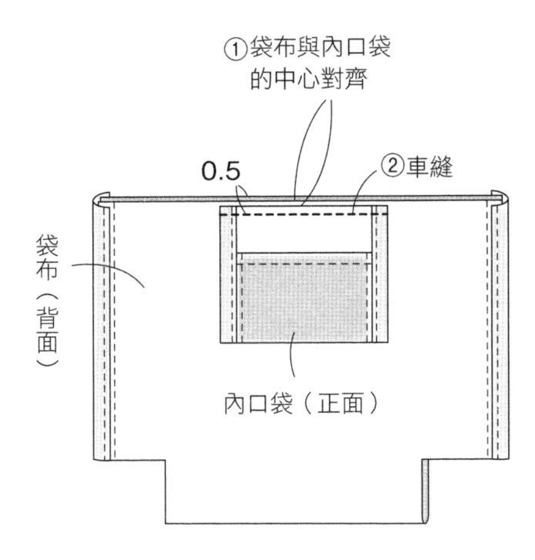
①袋布與內口袋
的中心對齊
0.5
②車縫
袋布（背面）
內口袋（正面）

4 縫合側身

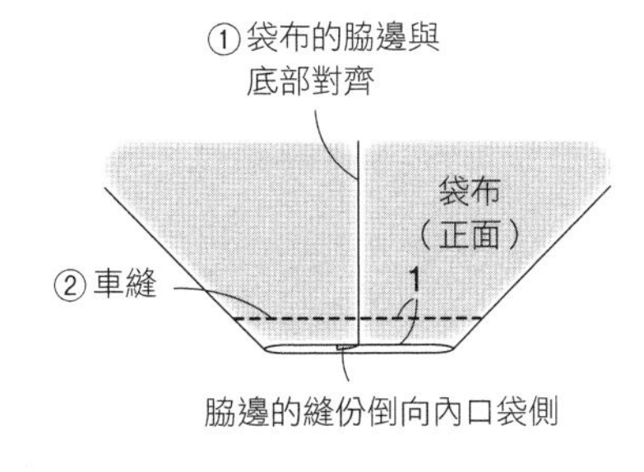
①袋布的脇邊與
底部對齊
袋布
（正面）
②車縫
1
脇邊的縫份倒向內口袋側

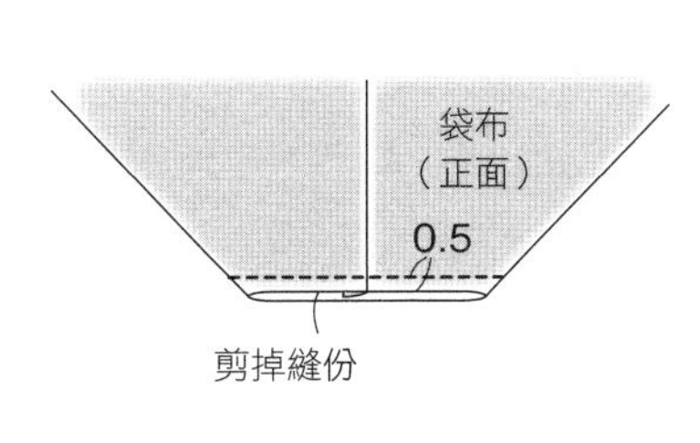
袋布
（正面）
0.5
剪掉縫份

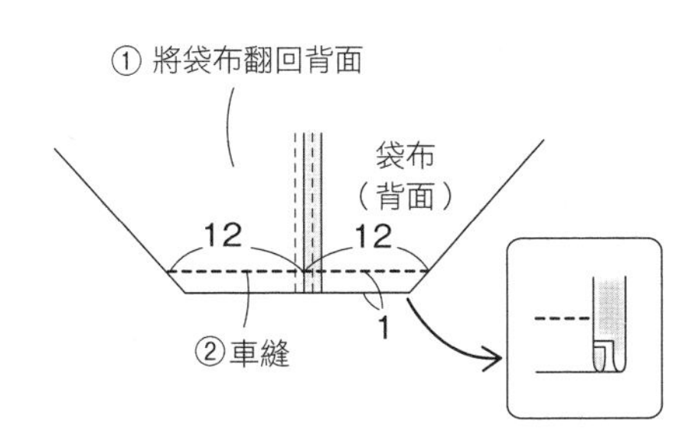
①將袋布翻回背面
袋布
（背面）
12
12
②車縫
1

5 製作肩帶

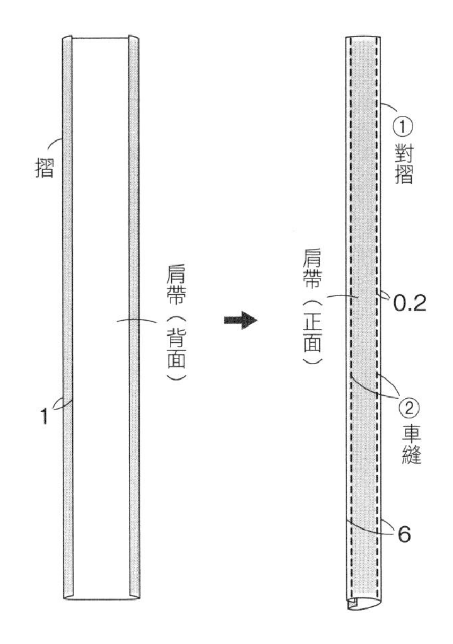
摺
肩帶（背面）
1
①對摺
肩帶（正面）
0.2
②車縫
6

6 製作手把

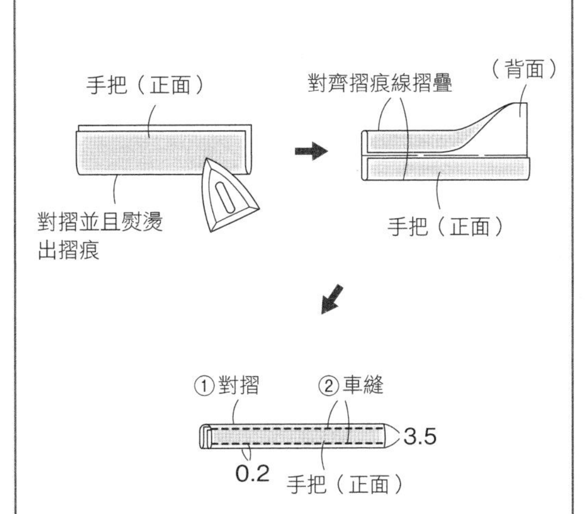
手把（正面）
對摺並且熨燙
出摺痕
對齊摺痕線摺疊
（背面）
手把（正面）
①對摺
②車縫
3.5
0.2
手把（正面）

7 製作貼邊

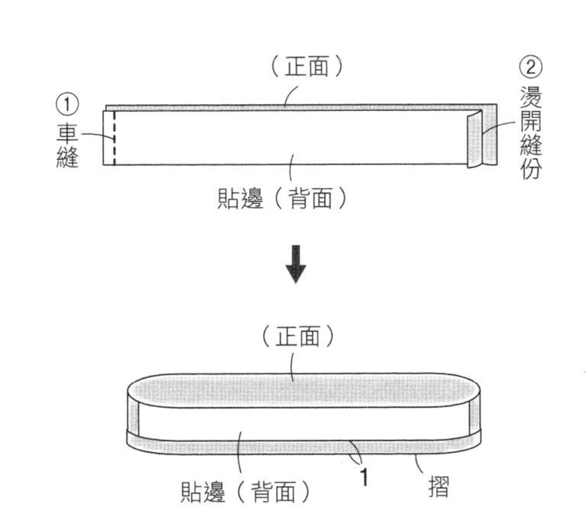
（正面）
①車縫
②燙開縫份
貼邊（背面）
（正面）
貼邊（背面）
1
摺

8 將肩帶・手把縫合固定於貼邊

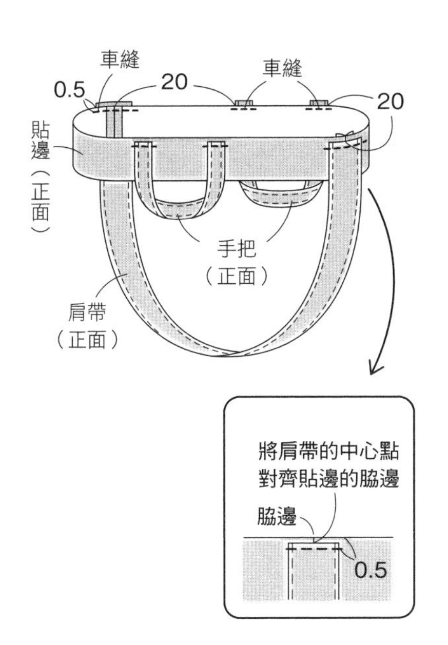
車縫
0.5
20
車縫
20
貼邊（正面）
手把
（正面）
肩帶
（正面）
將肩帶的中心點
對齊貼邊的脇邊
脇邊
0.5

9 縫合貼邊

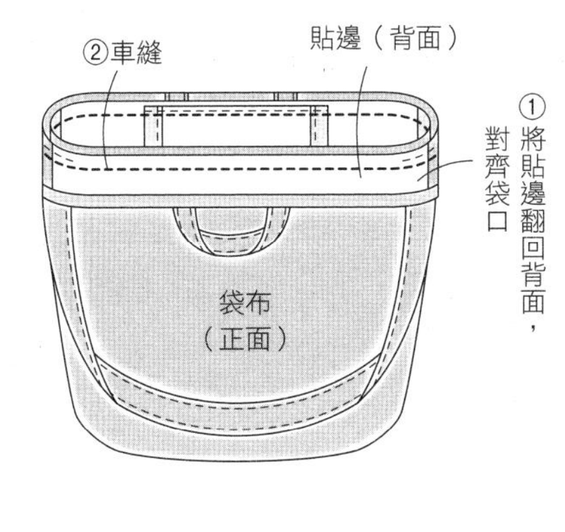
②車縫
貼邊（背面）
①將貼邊翻回背面，對齊袋口
袋布
（正面）

完成作品

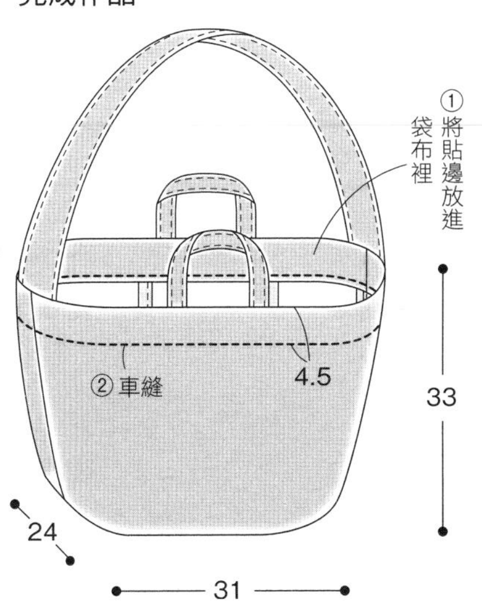
①將貼邊放進袋布裡
②車縫
4.5
33
24
31

P. 22 NO. **9** 袋蓋式橫長托特包

材料
表布 [8號帆布 富士金梅#8000 芥末黃（31）] 寬110cm×70cm
滾邊飾帶 [寬1.1cm] 230cm

車線 30番 **車針** 14號

完成尺寸 高20cm 寬28cm 側身20cm

表布裁布圖

※○裡數字是縫份的尺寸。
除了指定之外，其餘縫份預留1cm。
※袋布與袋蓋的圓弧部分，請將原寸紙型放於邊角描繪弧度。

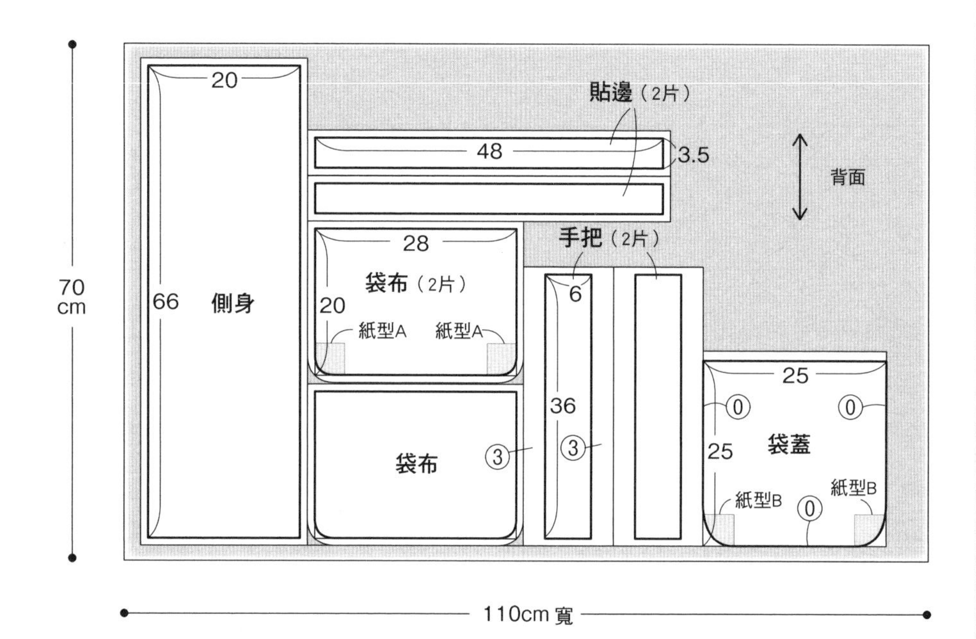

70 cm
20
66
側身
貼邊（2片）
48
3.5
背面
28
袋布（2片）
20
紙型A
紙型A
手把（2片）
6
36
③
③
袋布
25
⓪
⓪
25
袋蓋
紙型B
紙型B
⓪
110cm 寬

圓弧的原寸紙型

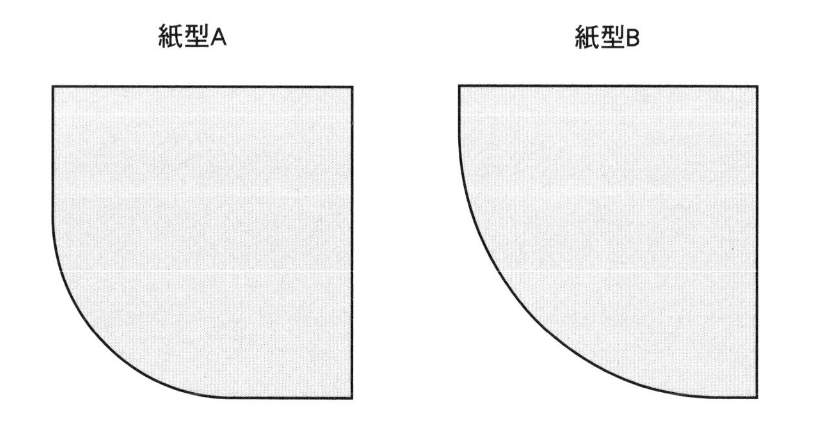

紙型A
紙型B

作法

1 袋布與側身縫合固定

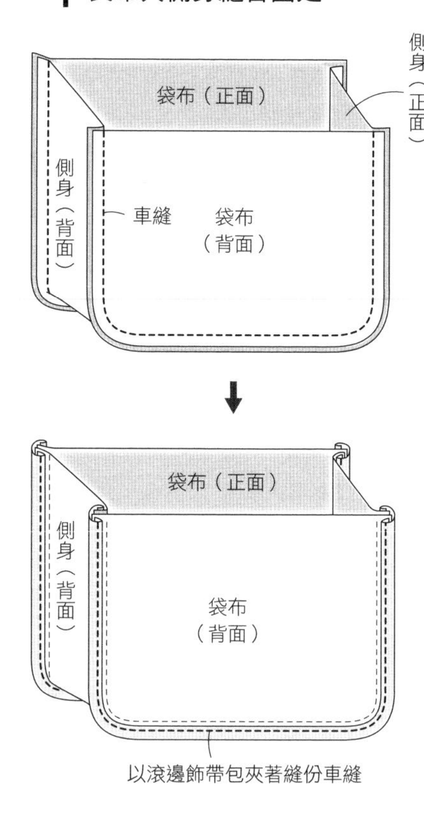

側身（正面）
袋布（正面）
側身（背面）
車縫
袋布（背面）
袋布（正面）
側身（背面）
袋布（背面）
以滾邊飾帶包夾著縫份車縫

2 製作袋蓋並且縫合

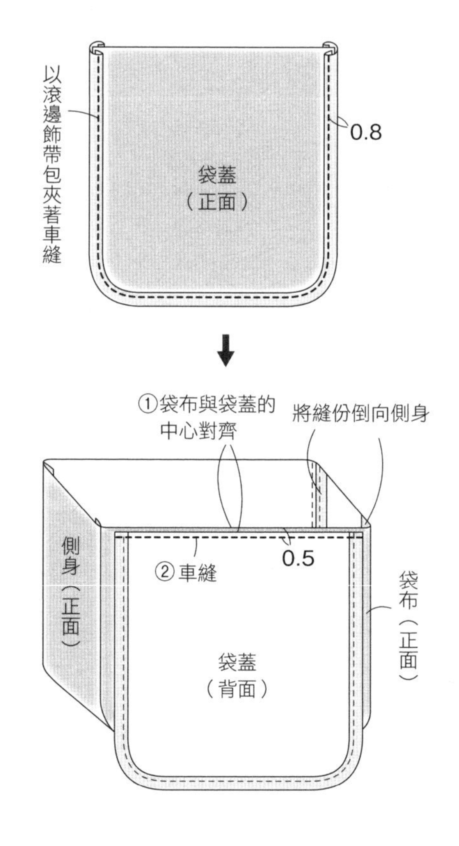

以滾邊飾帶包夾著車縫
0.8
袋蓋（正面）
①袋布與袋蓋的中心對齊
將縫份倒向側身
0.5
②車縫
側身（正面）
袋布（正面）
袋蓋（背面）

3 製作貼邊

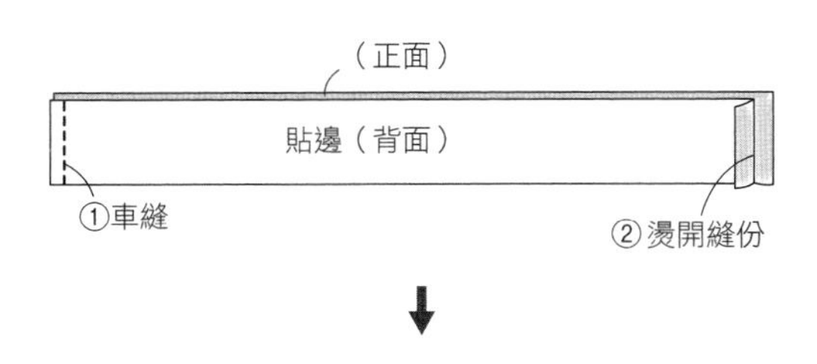

（正面）
貼邊（背面）
①車縫
②燙開縫份

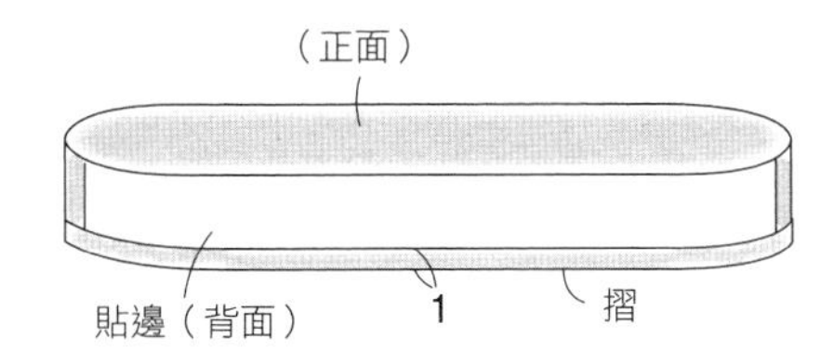

（正面）
貼邊（背面）
1
摺

4 縫合貼邊

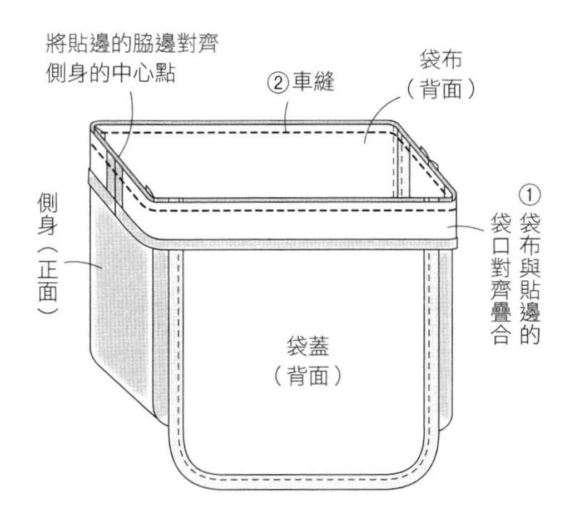

將貼邊的脇邊對齊側身的中心點
②車縫
袋布（背面）
側身（正面）
①袋布與貼邊的袋口對齊疊合
袋蓋（背面）

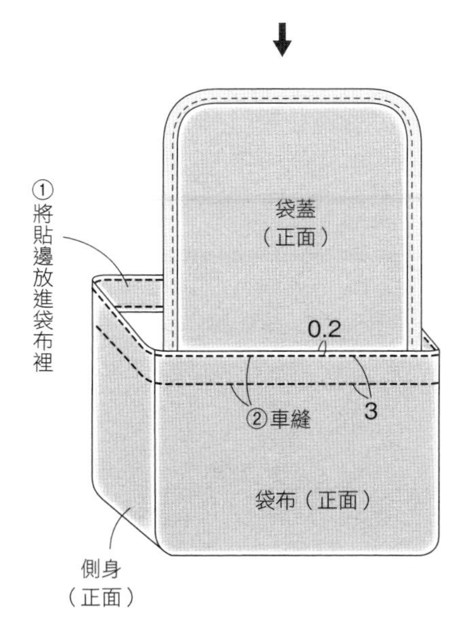

①將貼邊放進袋布裡
袋蓋（正面）
0.2
②車縫
3
袋布（正面）
側身（正面）

5 製作手把

摺
手把（背面）
摺
1

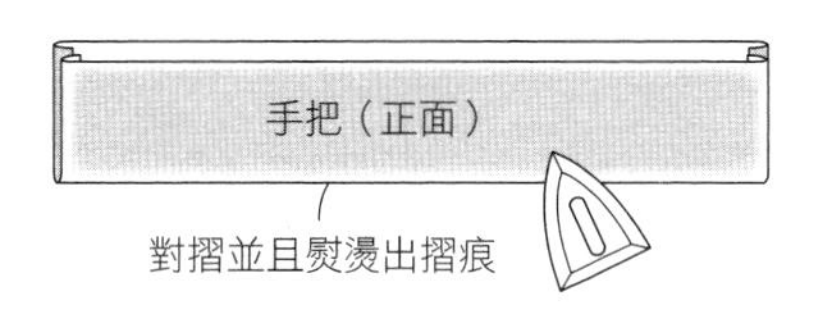

手把（正面）
對摺並且熨燙出摺痕

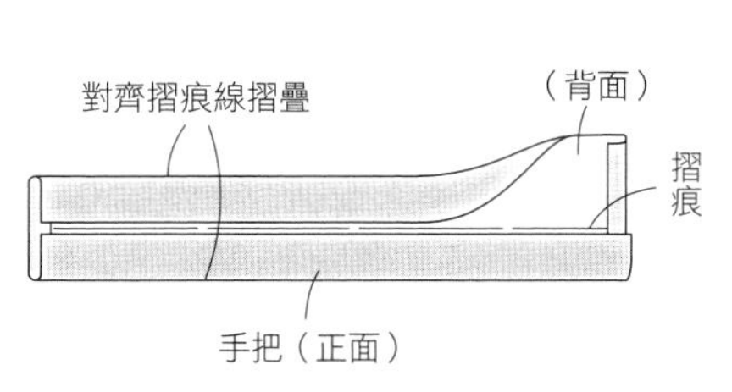

對齊摺痕線摺疊
（背面）
摺痕
手把（正面）

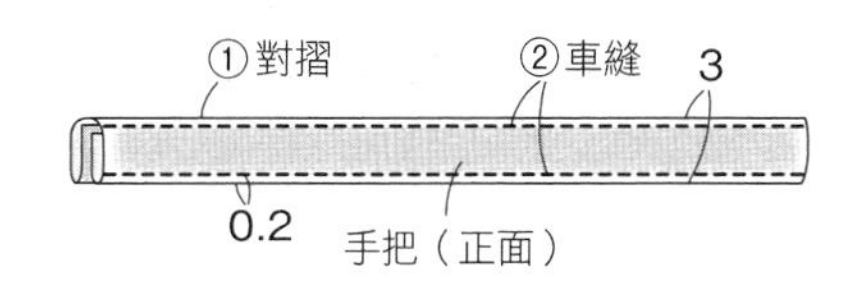

①對摺
②車縫
3
0.2
手把（正面）

6 縫合手把

完成作品

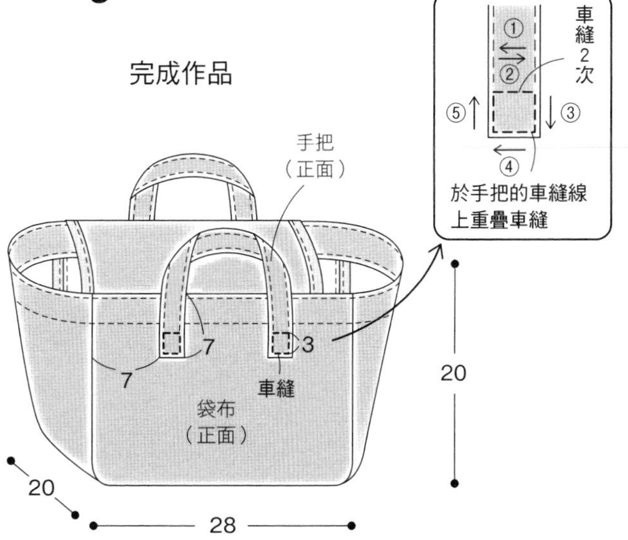

手把（正面）
7
7
3
車縫
袋布（正面）
20
20
28
車縫2次
①
②
③
④
⑤
於手把的車縫線上重疊車縫

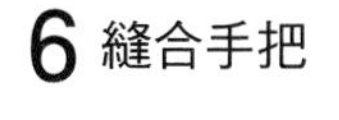

P. 23 NO.10 蓬鬆百褶包

材料
表布［11號帆布 P.23圖／左 孔雀綠（34）／中 珊瑚紅（21）／右 油彩綠（37）］寬100cm×50cm
別布［11號帆布 P.23圖／左 夢幻灰（46）／中 胚布原色（03）／右 蛋黃色（12）］寬55cm×20cm

車線 30番　車針 14號

完成尺寸 高20cm 寬15cm 側身15cm

表布裁布圖

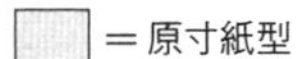
＝原寸紙型

※○裡數字是縫份的尺寸。除了指定之外，其餘縫份預留1cm。
請將表側底部・裡側底部的「摺雙線」紙型反轉使用。

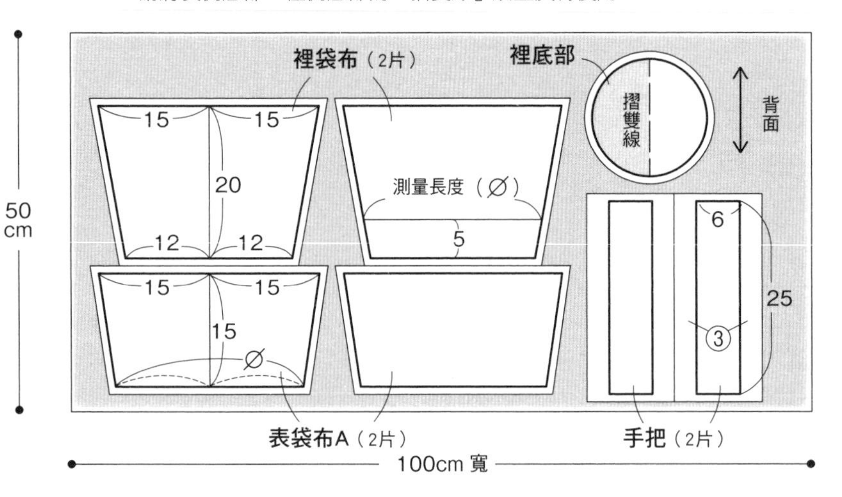

裡袋布（2片）
裡底部
摺雙線
背面
15
15
20
12
12
測量長度（∅）
5
6
25
3
15
15
15
∅
表袋布A（2片）
手把（2片）
50 cm
100cm 寬

別布裁布圖

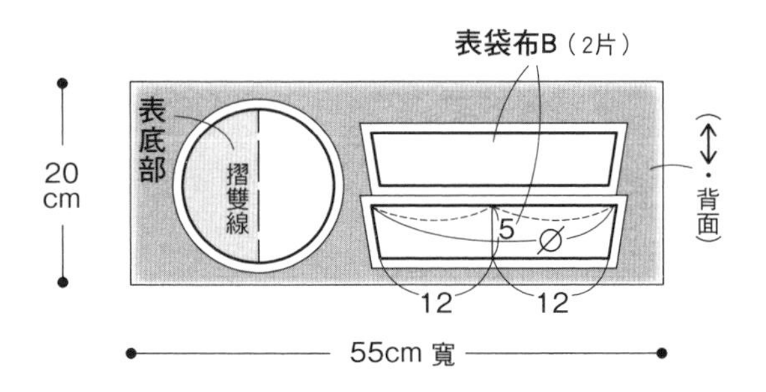

表袋布B（2片）
表底部
摺雙線
20 cm
5
∅
12
12
↕・背面
55cm 寬

作法

1 將表袋布 A・B縫合固定

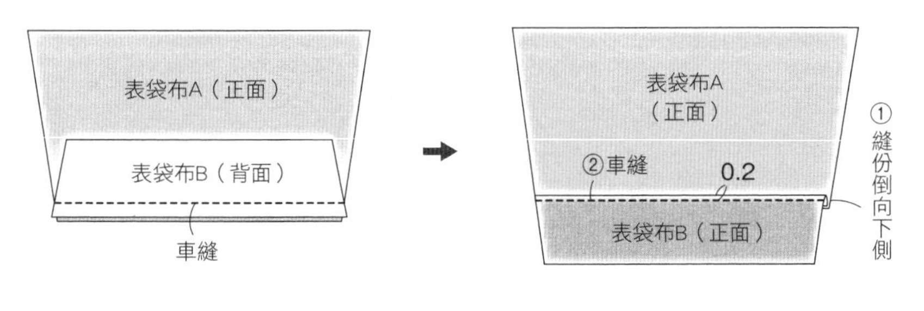

表袋布A（正面）
表袋布B（背面）
車縫
表袋布A（正面）
②車縫
0.2
表袋布B（正面）
①縫份倒向下側

※另一組也以同樣方式縫合

2 縫合表袋布的脇邊

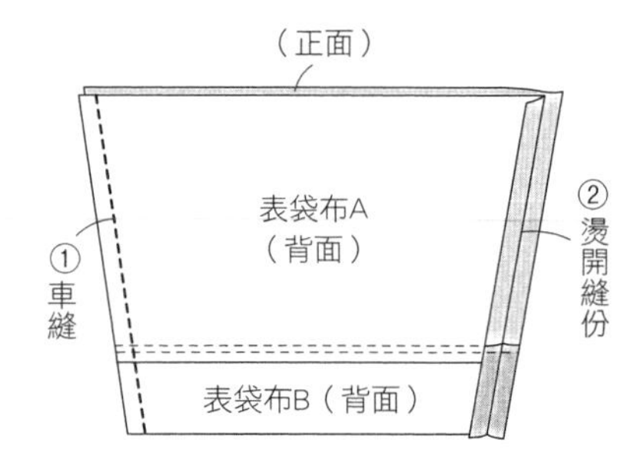

（正面）
表袋布A（背面）
①車縫
②燙開縫份
表袋布B（背面）

3 縫合裡袋布的脇邊

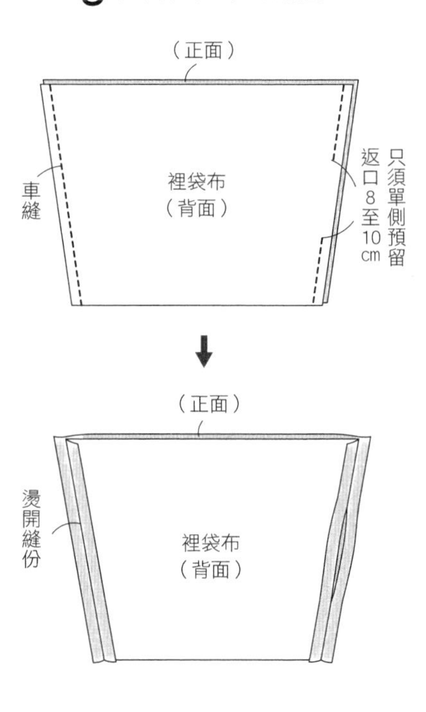

（正面）
車縫
裡袋布（背面）
返口8至10cm
只須單側預留
（正面）
燙開縫份
裡袋布（背面）

4 表袋布與表底部縫合固定

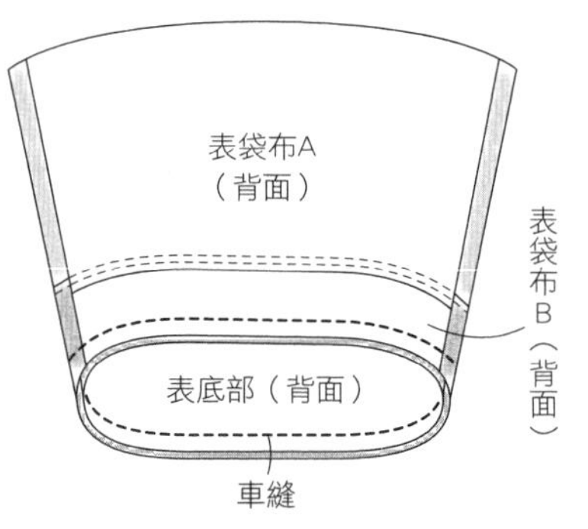

表袋布A（背面）
表袋布B（背面）
表底部（背面）
車縫

※ 裡袋布與裡底部也以同樣方式縫合固定。

5 製作手把

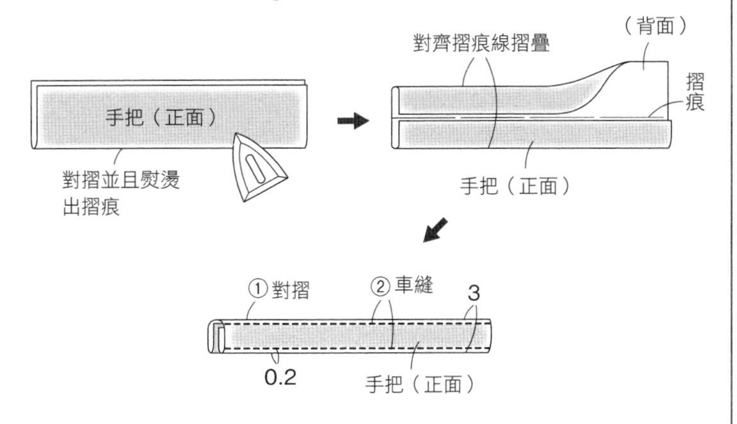
手把（正面）
對摺並且熨燙出摺痕
對齊摺痕線摺疊
（背面）
摺痕
手把（正面）
①對摺
②車縫
3
0.2
手把（正面）

6 將手把縫合固定於表袋布

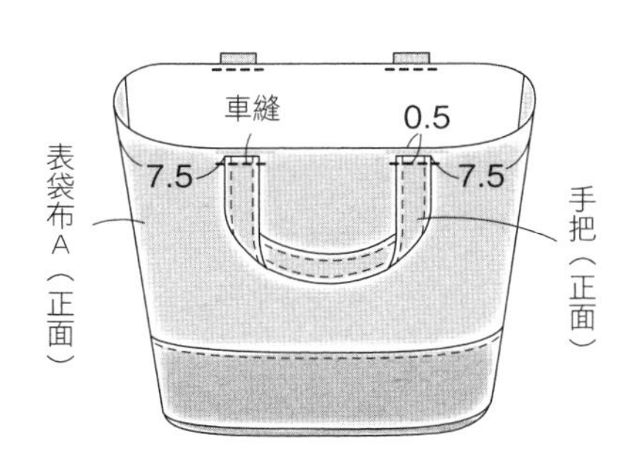
車縫
0.5
7.5
7.5
表袋布A（正面）
手把（正面）

7 表袋布與裡袋布縫合固定

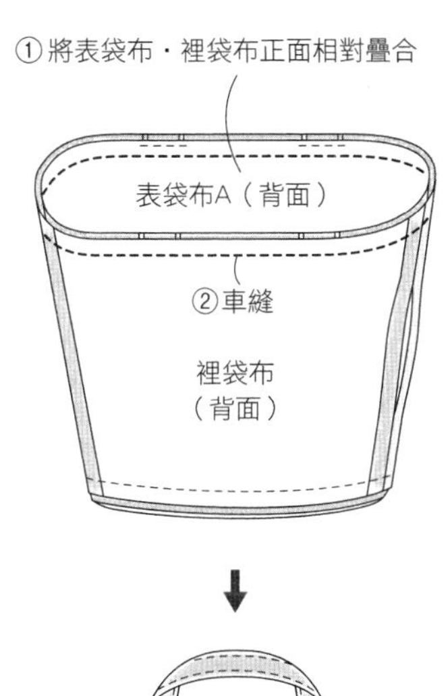
①將表袋布・裡袋布正面相對疊合
表袋布A（背面）
②車縫
裡袋布
（背面）

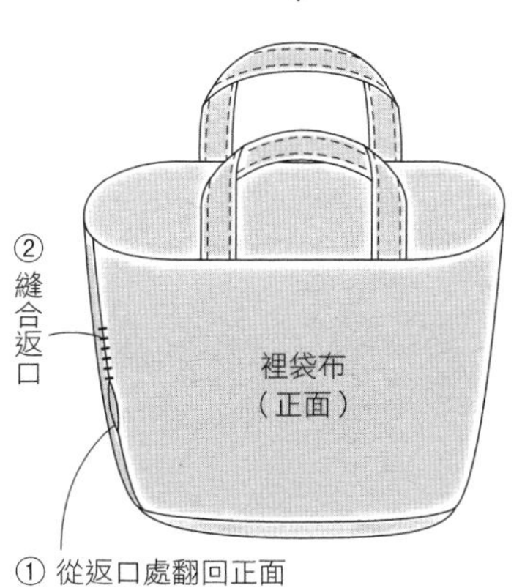
②縫合返口
裡袋布
（正面）
①從返口處翻回正面

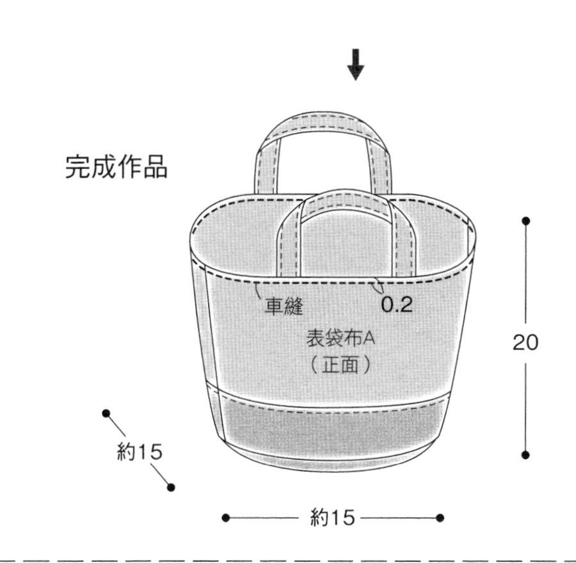
完成作品
車縫
0.2
表袋布A
（正面）
20
約15
約15

表底部・裡底部的原寸紙型

※ 原寸紙型未預留縫份。
請依照裁布圖所指定的縫份，
預留裁剪。

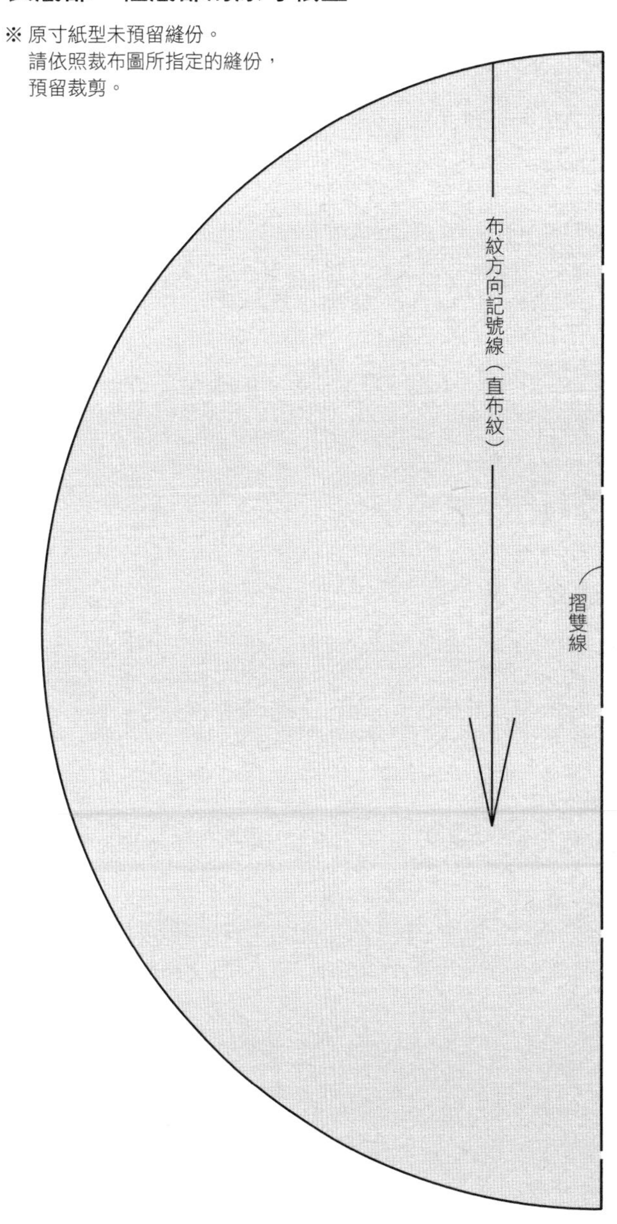
布紋方向記號線（直布紋）
摺雙線

P. 24 NO. 11 2way肩背包

材料
表布［8號帆布 復古懷舊風帆布 #8100 深藍色（60）］寬110cm×110cm
滾邊飾帶［1.1cm幅寬］200cm

車線 30番　車針 14號

完成尺寸 高32cm 寬30cm 側身14cm

表布裁布圖

※○裡數字是縫份的尺寸。
除了指定之外，其餘縫份預留1cm。
※袋布與口袋的圓弧部分，請將原寸紙型放於邊角描繪弧度。

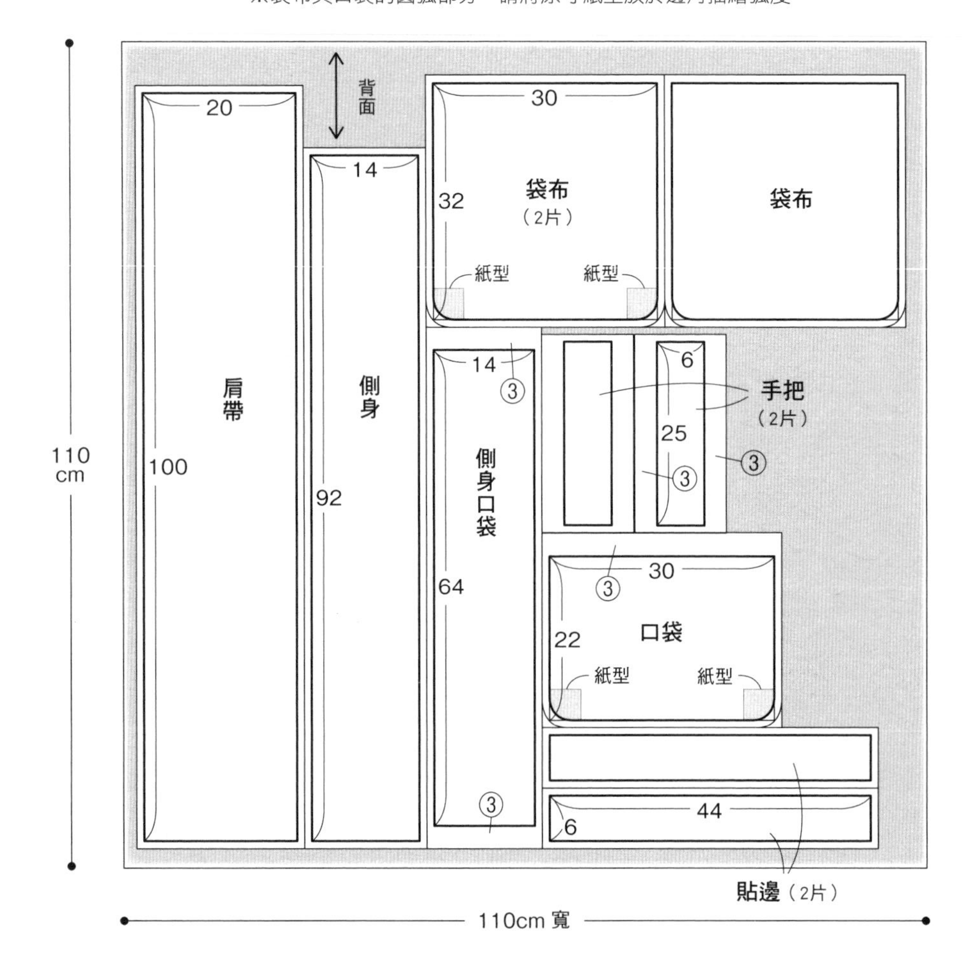

背面
20
14
30
32
袋布
（2片）
紙型
紙型
袋布
14
③
6
手把
（2片）
25
③
③
肩帶
側身
側身口袋
110 cm
100
92
64
30
③
22
口袋
紙型
紙型
③
44
6
貼邊（2片）
110cm 寬

圓弧的原寸紙型

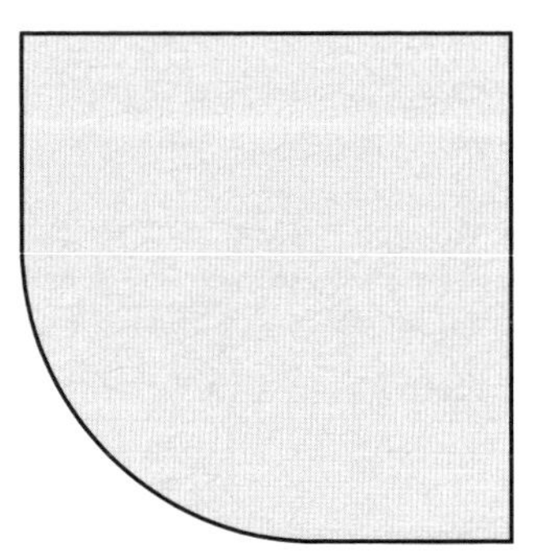

作法

1 製作、縫合口袋

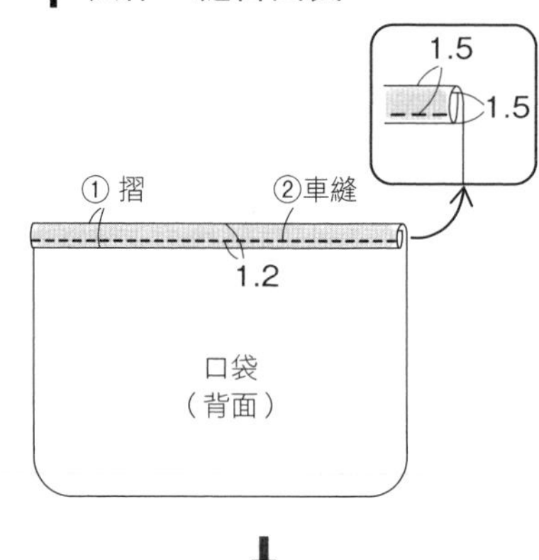

1.5
1.5
① 摺
②車縫
1.2
口袋
（背面）

袋布（正面）
車縫
口袋
（正面）
0.5

2 製作側身口袋，並且縫合於側身

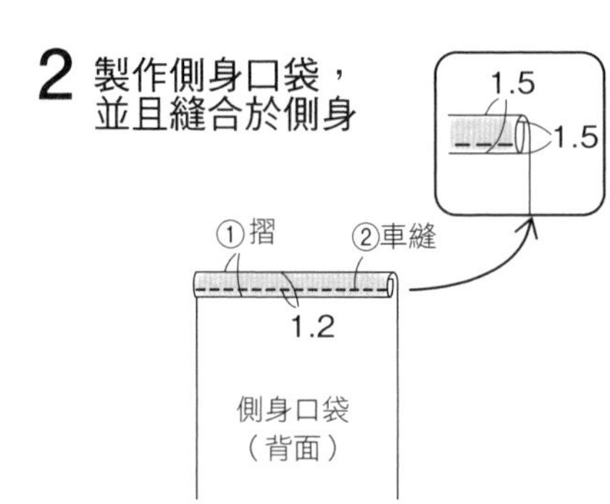

1.5
1.5
①摺
②車縫
1.2
側身口袋
（背面）

※ 相反側也以同樣方式縫合。

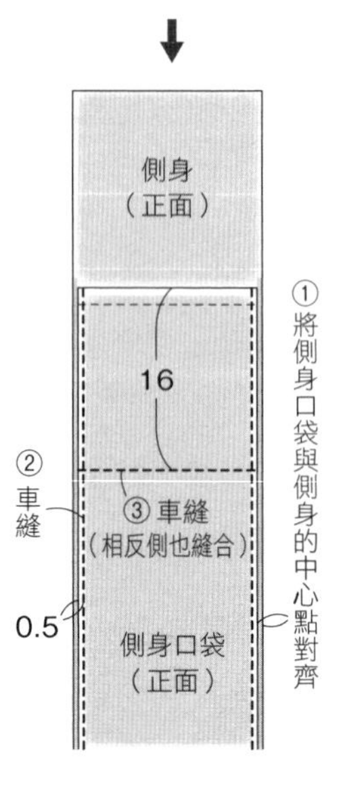

側身
（正面）
16
②車縫
③車縫
（相反側也縫合）
0.5
側身口袋
（正面）
①將側身口袋與側身的中心點對齊

3 將袋布與側身縫合固定

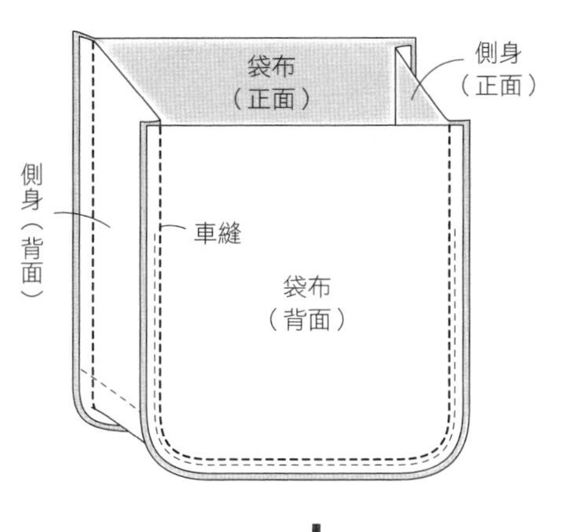
袋布
（正面）
側身
（正面）
側身（背面）
車縫
袋布
（背面）

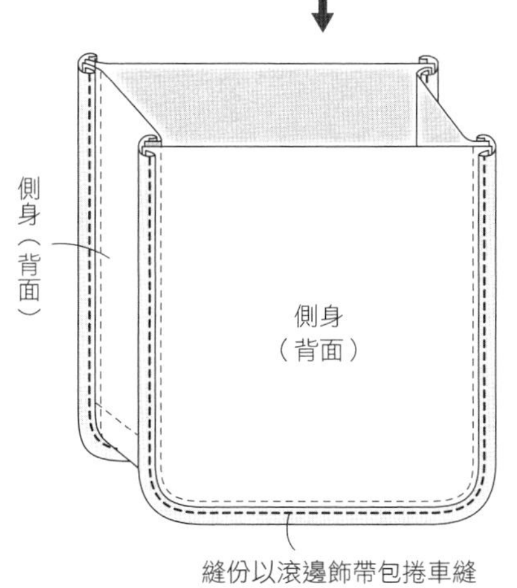
側身（背面）
側身
（背面）
縫份以滾邊飾帶包捲車縫

4 製作肩帶

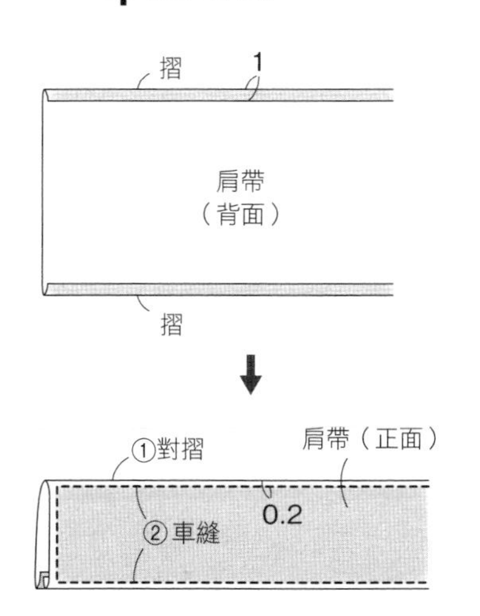
摺
1
肩帶
（背面）
摺
①對摺
肩帶（正面）
②車縫
0.2

5 褶子的摺疊方法

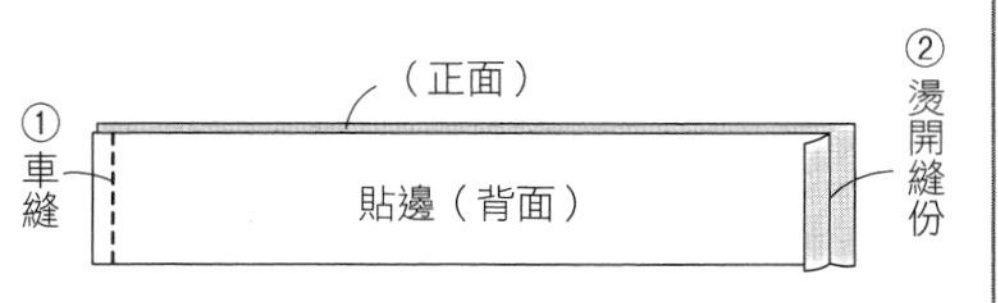
（正面）
①車縫
貼邊（背面）
②燙開縫份

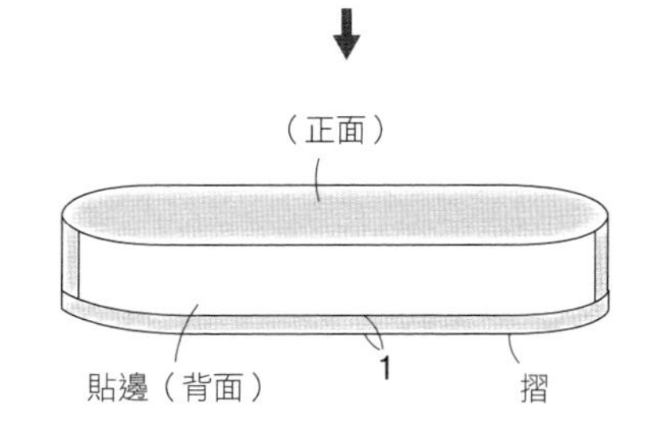
（正面）
貼邊（背面）
1
摺

6 將肩帶縫合固定於貼邊

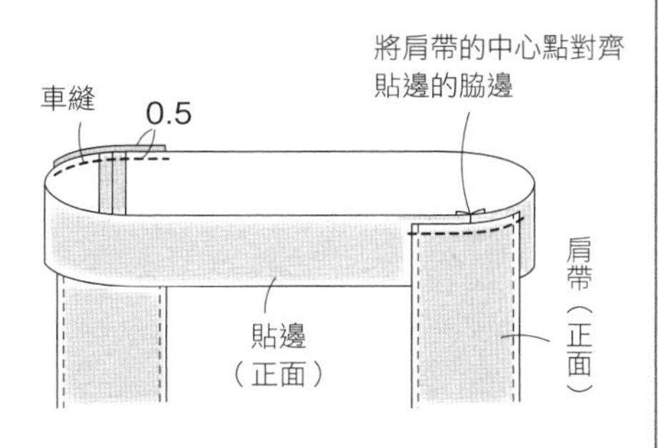
將肩帶的中心點對齊
貼邊的脇邊
車縫
0.5
肩帶（正面）
貼邊
（正面）

7 縫合貼邊

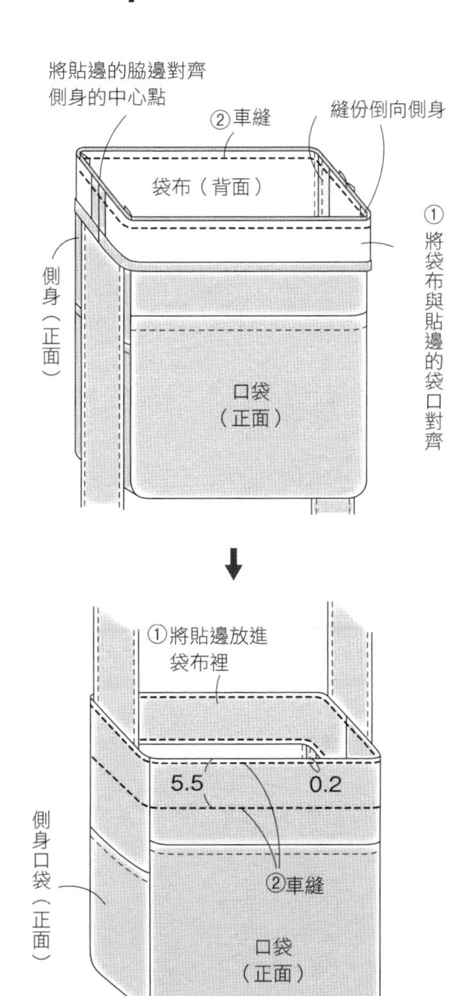
將貼邊的脇邊對齊
側身的中心點
②車縫
縫份倒向側身
袋布（背面）
①將袋布與貼邊的袋口對齊
側身（正面）
口袋
（正面）
①將貼邊放進
袋布裡
5.5
0.2
②車縫
側身口袋（正面）
口袋
（正面）

8 製作手把

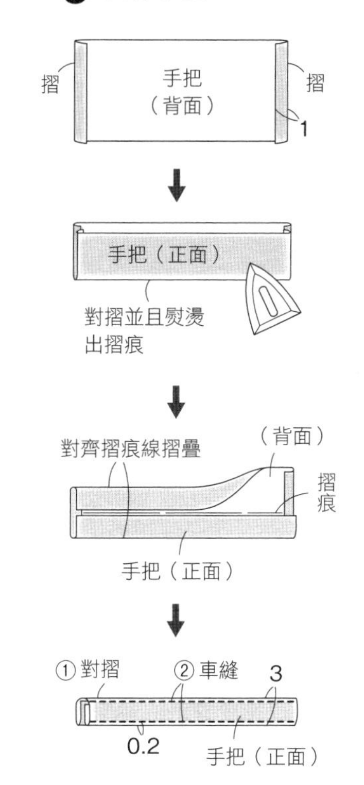
摺
手把
（背面）
摺
1
手把（正面）
對摺並且熨燙
出摺痕
對齊摺痕線摺疊
（背面）
摺痕
手把（正面）
①對摺
②車縫
3
0.2
手把（正面）

9 縫合手把、縫合固定肩帶的中心

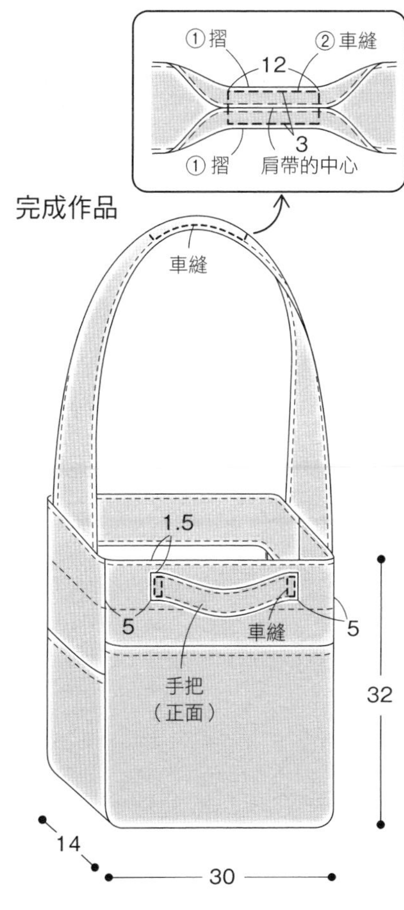
①摺
②車縫
12
3
①摺
肩帶的中心
完成作品
車縫
1.5
5
5
車縫
手把
（正面）
32
14
30

P. 25 NO. **12** 袋蓋式時尚肩背包

材料

表布 [8號帆布 復古懷舊風帆布 #8100 日光白（50）] 寬85cm×120cm

滾邊飾帶 [寬1.1cm] 200cm

車線 30番 **車針** 14號

完成尺寸 高27cm 寬38cm 側身17cm

表布裁布圖

※○裡數字是縫份的尺寸。
除了指定之外，其餘縫份預留1cm。

※袋布的圓弧部分，請將原寸紙型放於邊角描繪弧度。

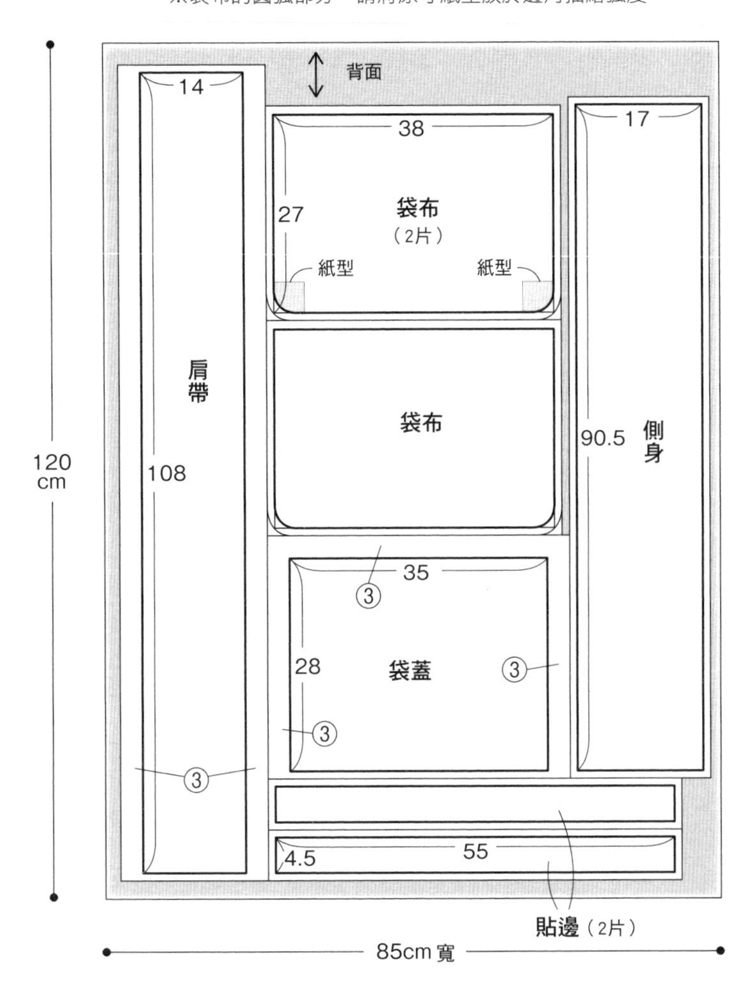

背面
14
38
17
27
袋布
（2片）
紙型
紙型
肩帶
袋布
90.5
側身
120 cm
108
35
3
28
袋蓋
3
3
3
4.5
55
貼邊（2片）
85cm寬

圓弧的原寸紙型

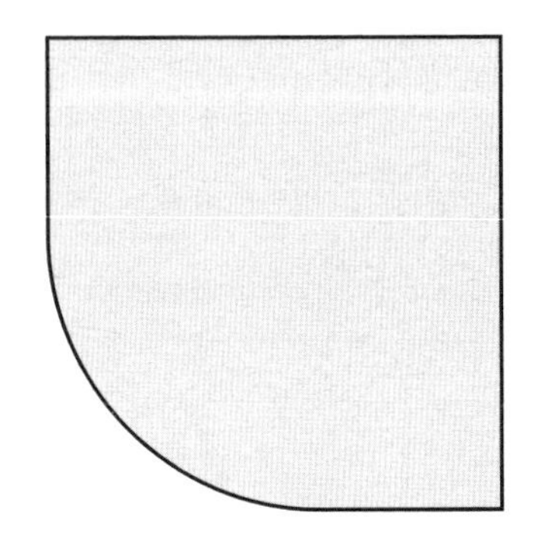

作法

1 製作袋蓋

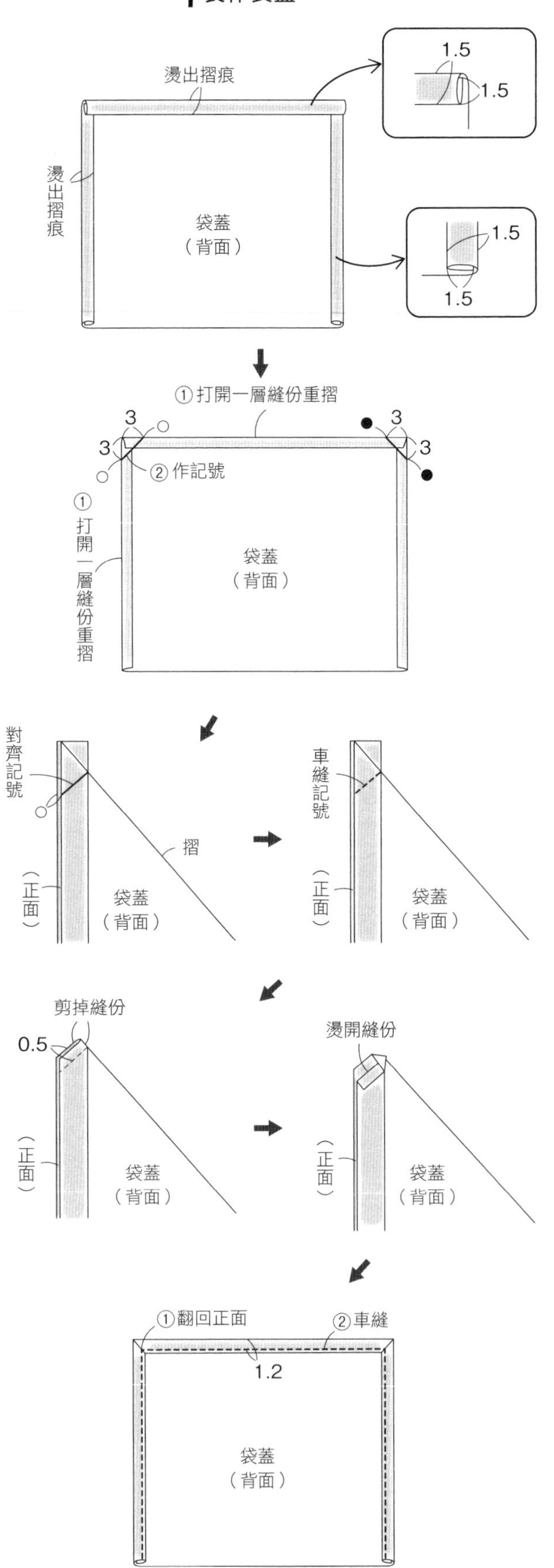

1.5
燙出摺痕
1.5
燙出摺痕
袋蓋
（背面）
1.5
1.5
①打開一層縫份重摺
3
3
3
3
②作記號
①打開一層縫份重摺
袋蓋
（背面）
對齊記號
摺
（正面）
袋蓋
（背面）
車縫記號
（正面）
袋蓋
（背面）
剪掉縫份
0.5
（正面）
袋蓋
（背面）
燙開縫份
（正面）
袋蓋
（背面）
①翻回正面
②車縫
1.2
袋蓋
（背面）

2 縫合固定袋布與側身

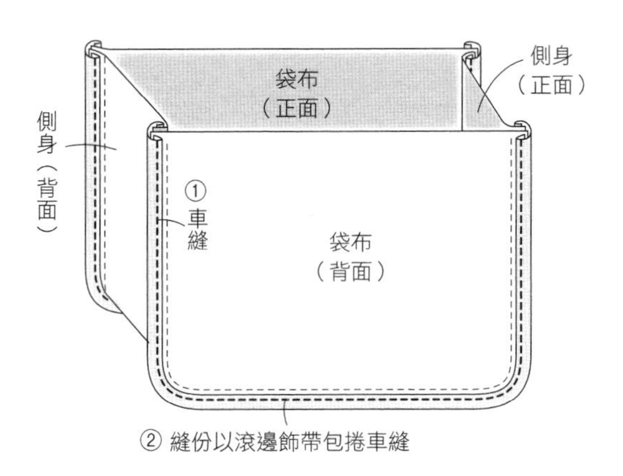
袋布
（正面）
側身
（正面）
側身
（背面）
① 車縫
袋布
（背面）
② 縫份以滾邊飾帶包捲車縫

3 將袋蓋縫合固定於袋布

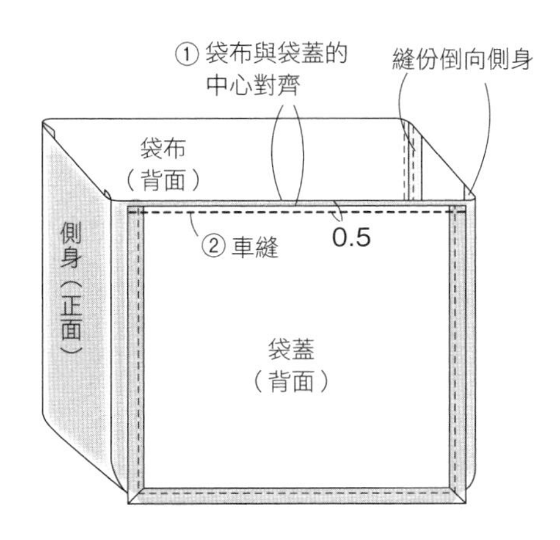
① 袋布與袋蓋的
中心對齊
縫份倒向側身
袋布
（背面）
側身（正面）
② 車縫
0.5
袋蓋
（背面）

4 製作肩帶

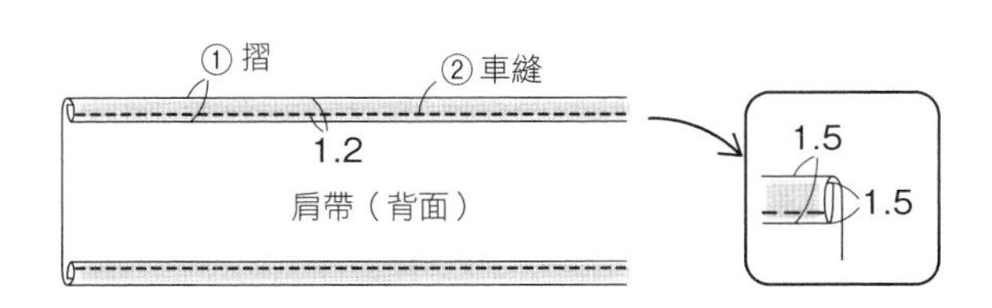
① 摺
② 車縫
1.2
肩帶（背面）
1.5
1.5

5 製作貼邊

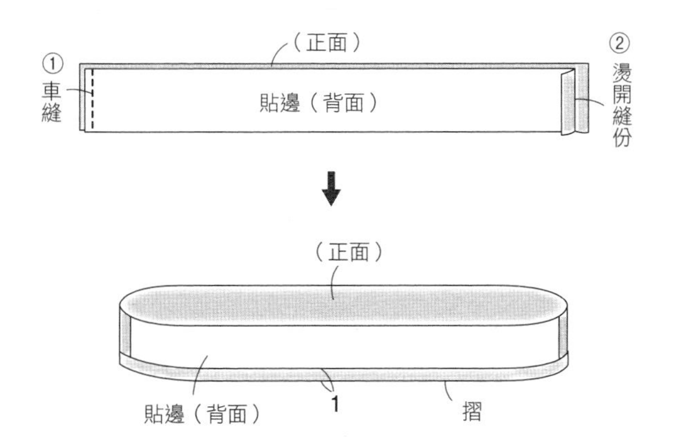
（正面）
① 車縫
貼邊（背面）
② 燙開縫份
（正面）
貼邊（背面）
1
摺

6 將肩帶縫合固定於貼邊

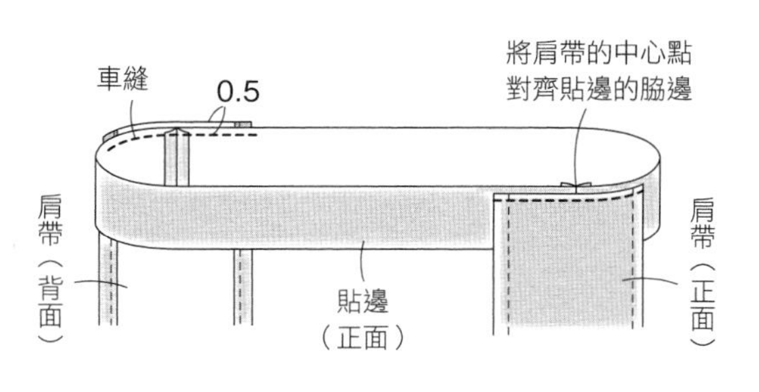
車縫
0.5
將肩帶的中心點
對齊貼邊的脇邊
肩帶（背面）
貼邊
（正面）
肩帶（正面）

7 製作貼邊

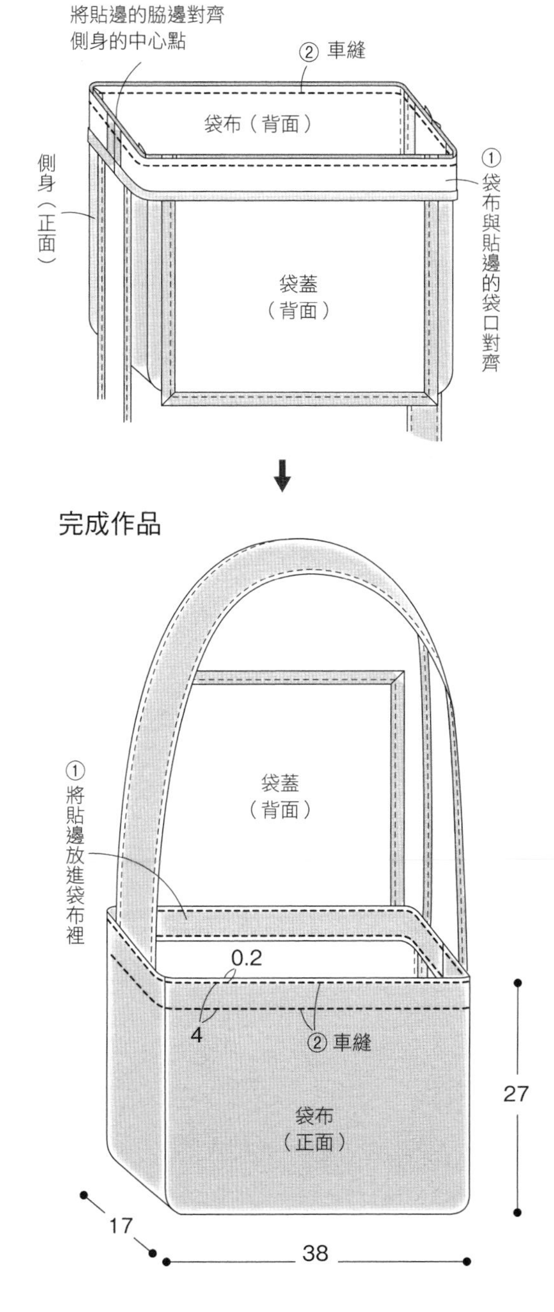
將貼邊的脇邊對齊
側身的中心點
② 車縫
袋布（背面）
側身（正面）
① 袋布與貼邊的袋口對齊
袋蓋
（背面）
完成作品
袋蓋
（背面）
① 將貼邊放進袋布裡
0.2
4
② 車縫
袋布
（正面）
27
17
38

P. 28 NO.**14** 打褶包

材料

表布［8號帆布 復古懷舊風帆布 #8100 沙灘白（26）］寬70cm×80cm

皮革［寬3cm×1mm厚］70cm

車線 30番　車針 14號

完成尺寸 高25cm 寬28cm 側身14cm

表布裁布圖

＝原寸紙型

※○裡數字是縫份的尺寸。
除了指定之外，其餘縫份預留1cm。

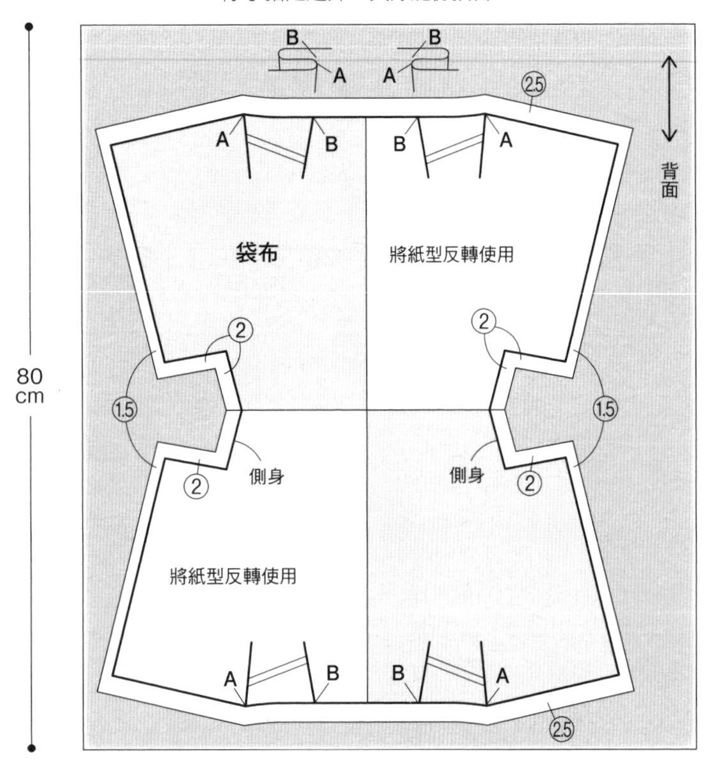

B
A
A
B
2.5
背面
A
B
B
A
袋布
將紙型反轉使用
2
2
1.5
1.5
80 cm
側身
側身
2
2
將紙型反轉使用
A
B
B
A
2.5
70cm 寬

原寸紙型作法

P.63的a・b
P.72的c・d共4個紙型，將相同記號處拼湊在一起使用。

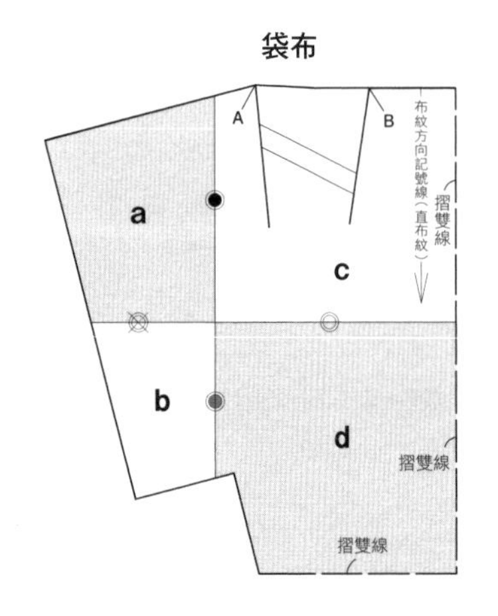

袋布
A
B
布紋方向記號線（直布紋）
摺雙線
a
c
b
d
摺雙線
摺雙線

作法

1 摺疊褶子

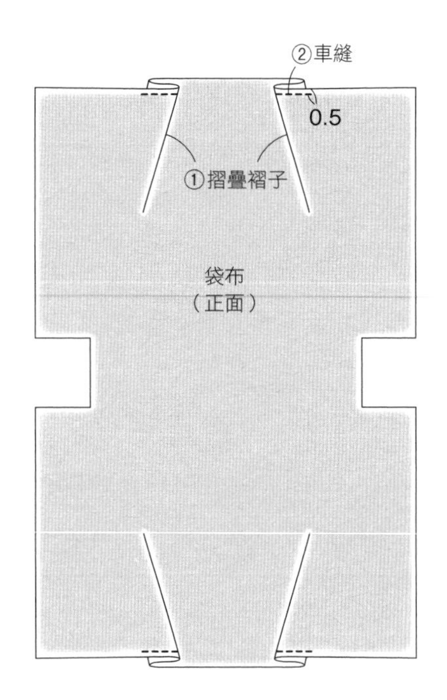

②車縫
0.5
①摺疊褶子
袋布
（正面）

2 縫合袋布的脇邊

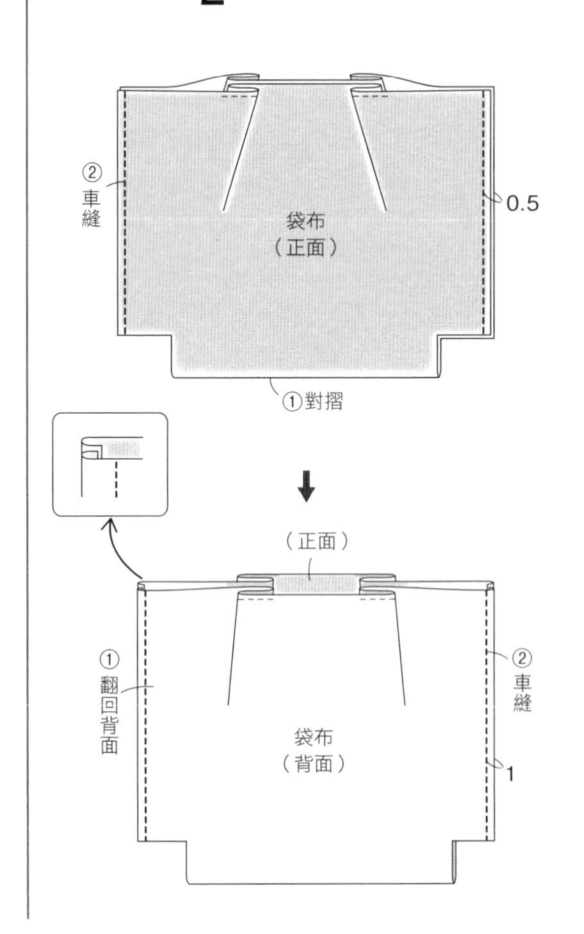

②車縫
0.5
袋布
（正面）
①對摺
（正面）
①翻回背面
②車縫
袋布
（背面）
1

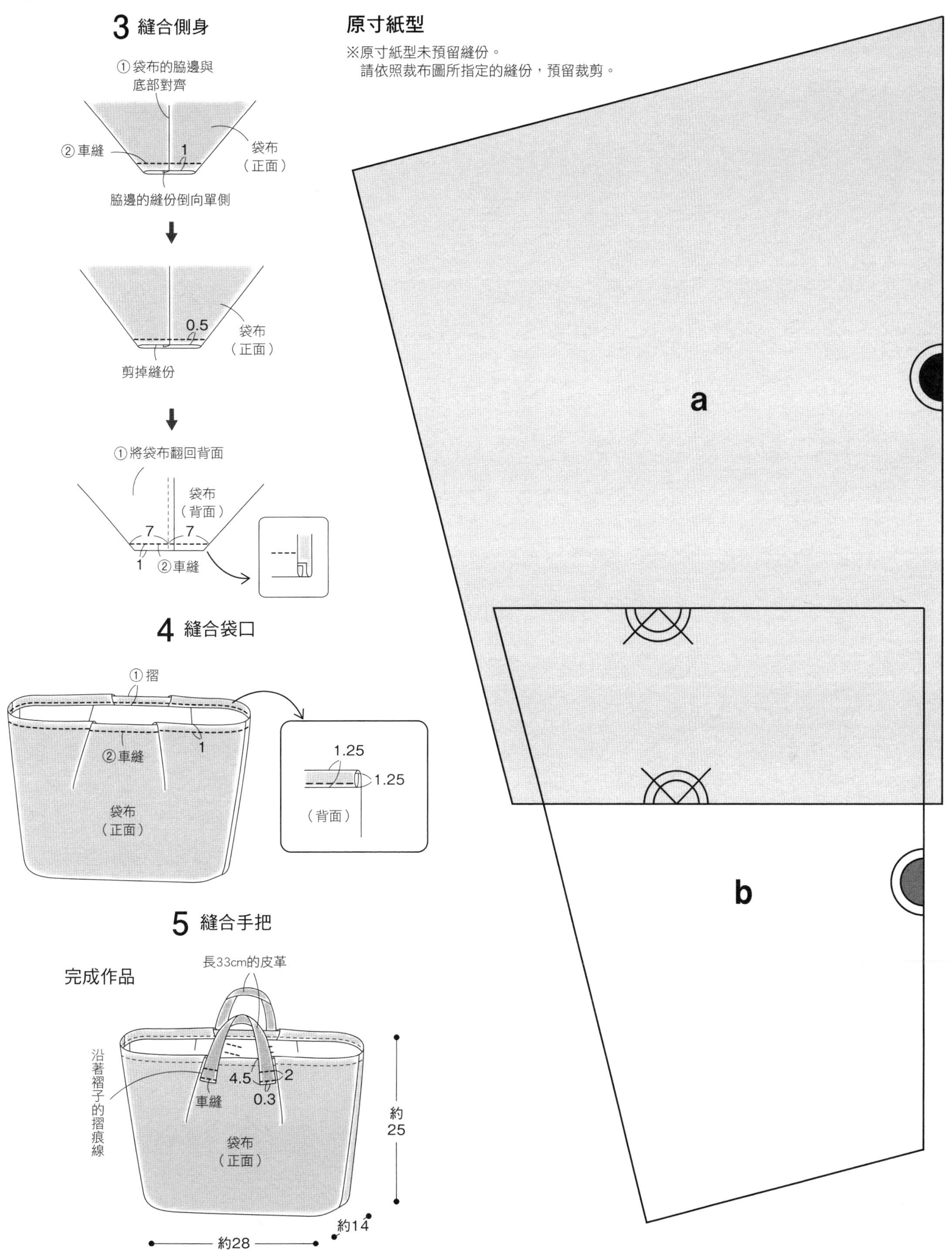

3 縫合側身
①袋布的脇邊與
底部對齊
②車縫
1
袋布
（正面）
脇邊的縫份倒向單側
0.5
袋布
（正面）
剪掉縫份
①將袋布翻回背面
袋布
（背面）
7
7
1
②車縫
4 縫合袋口
①摺
②車縫
1
袋布
（正面）
1.25
1.25
（背面）
5 縫合手把
完成作品
長33cm的皮革
沿著褶子的摺痕線
4.5
2
車縫
0.3
袋布
（正面）
約
25
約14
約28
原寸紙型
※原寸紙型未預留縫份。
請依照裁布圖所指定的縫份，預留裁剪。
a
b

P. 36 NO.**16** **兩褶式背包**

材料
表布［11號帆布 油彩綠（37）］寬70cm×80cm
標籤［雜貨素材風標籤A］1片
化學纖維織帶［寬3cm］170cm
日型環［寬3cm］1個
口型環［寬3cm］1個
人字帶［寬2cm］80cm

車線 30番 **車針** 14號

完成尺寸 高25cm 寬17cm 側身8cm

表布裁布圖

※〇裡數字是縫份的尺寸。除了指定之外，其餘縫份預留1cm。

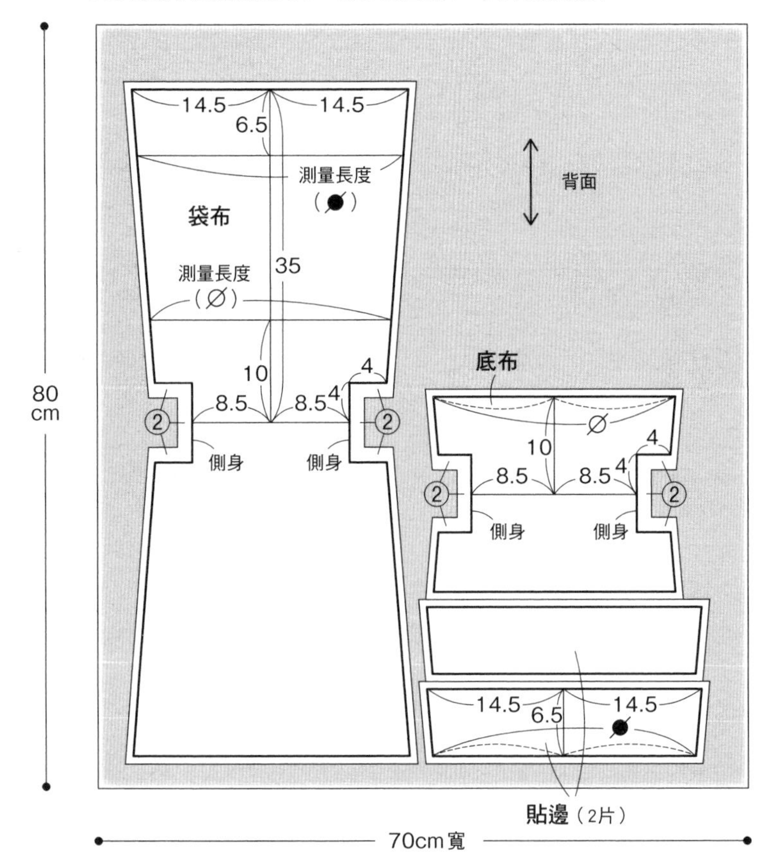

14.5
14.5
6.5
測量長度
（●）
背面
袋布
測量長度
（∅）
35
10
4
8.5
8.5
4
2
2
側身
側身
80 cm
底布
∅
10
4
8.5
8.5
4
2
2
側身
側身
14.5
6.5
14.5
貼邊（2片）
70cm寬

作法

1 製作底布

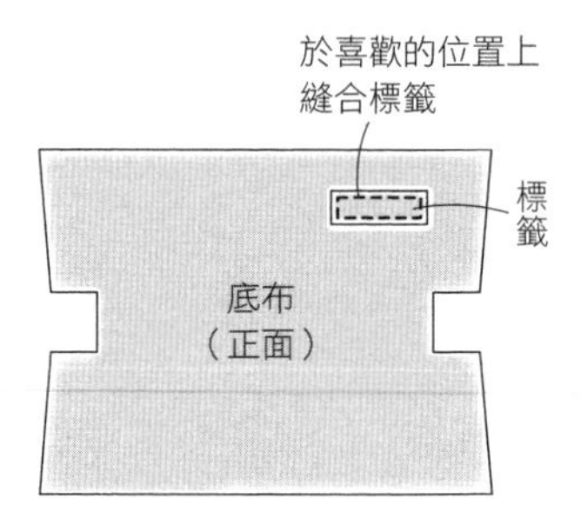

於喜歡的位置上
縫合標籤
標籤
底布
（正面）

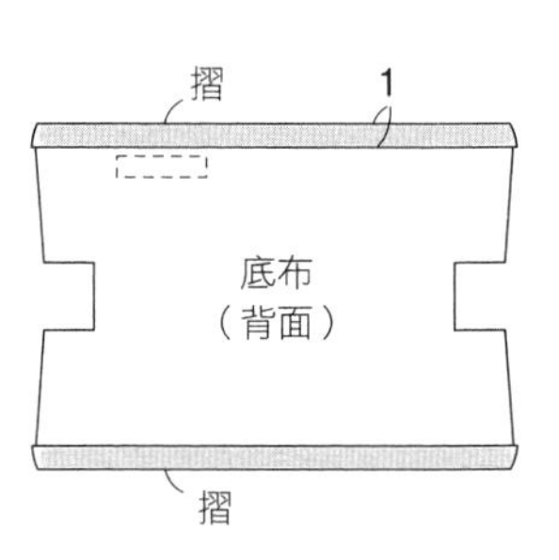

摺
1
底布
（背面）
摺

2 接縫底布

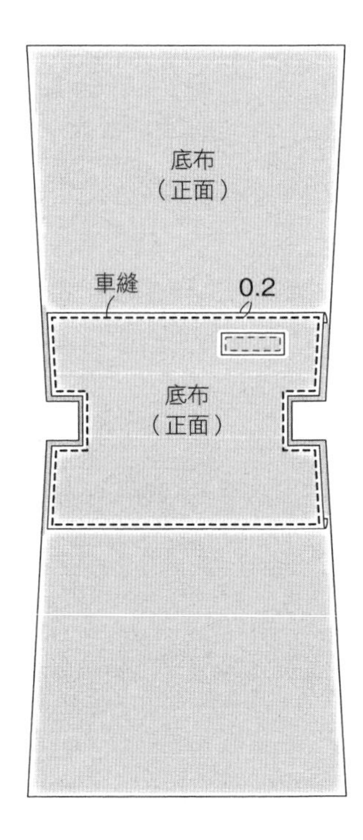

底布
（正面）
車縫
0.2
底布
（正面）

3 縫合袋布的脇邊

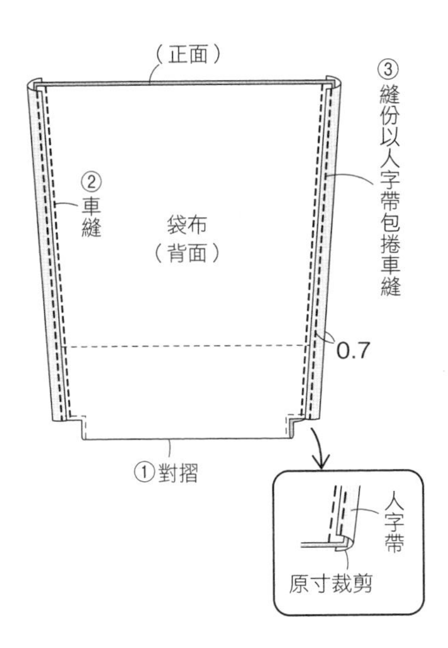
（正面）
③縫份以人字帶包捲車縫
②車縫
袋布
（背面）
0.7
①對摺
人字帶
原寸裁剪

4 縫合側身

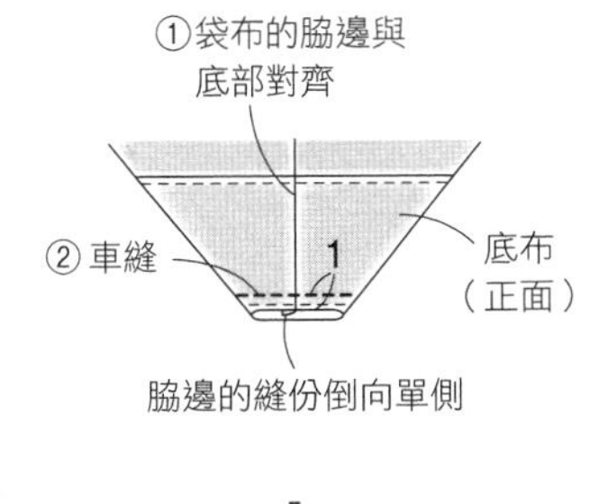
①袋布的脇邊與底部對齊
②車縫
1
底布
（正面）
脇邊的縫份倒向單側

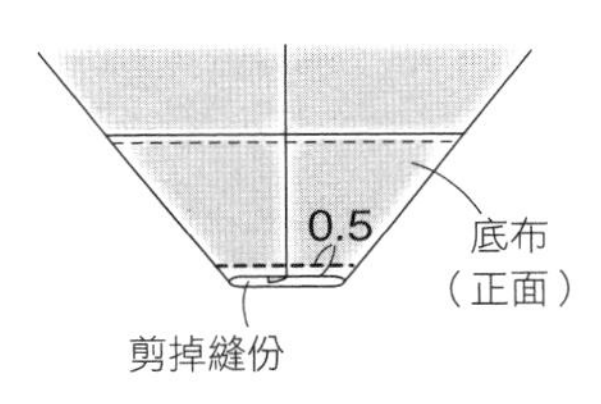
0.5
底布
（正面）
剪掉縫份

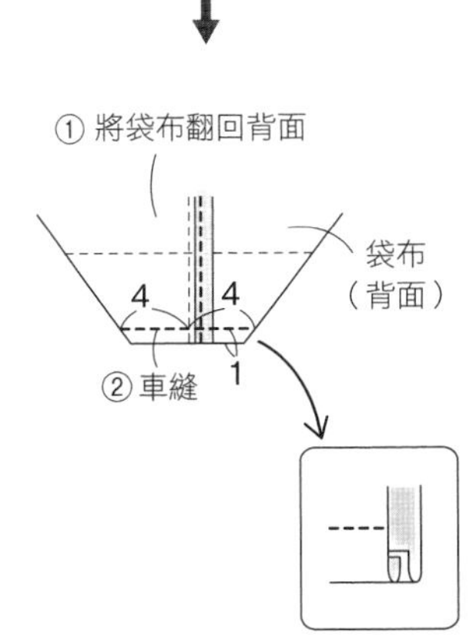
①將袋布翻回背面
袋布
（背面）
4
4
②車縫
1

5 製作貼邊

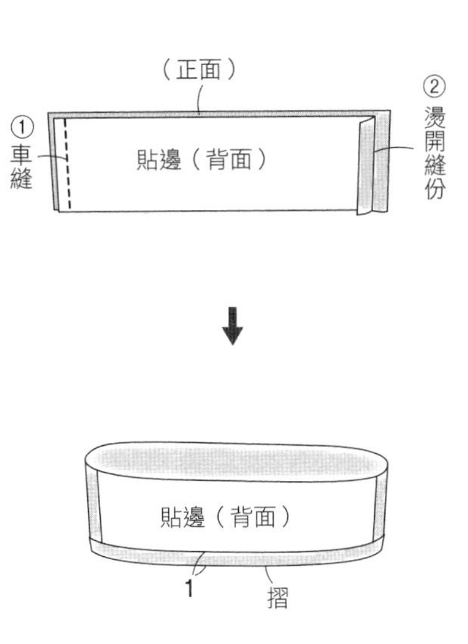
（正面）
①車縫
貼邊（背面）
②燙開縫份
貼邊（背面）
1
摺

6 縫合貼邊

①袋布與貼邊的袋口對齊
②車縫
貼邊（背面）
袋布
（正面）

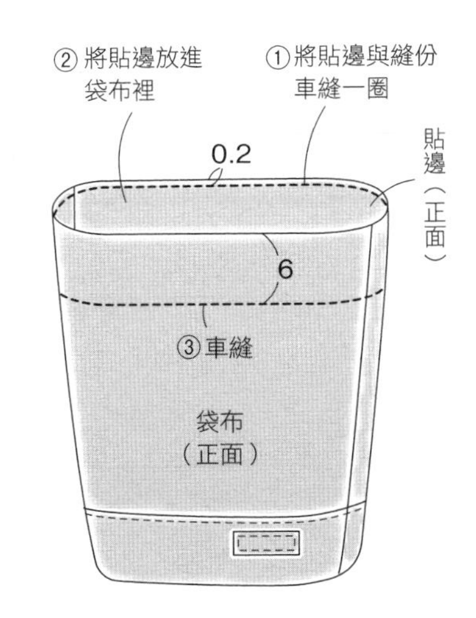
②將貼邊放進袋布裡
①將貼邊與縫份車縫一圈
0.2
貼邊（正面）
6
③車縫
袋布
（正面）

7 製作肩帶・掛耳

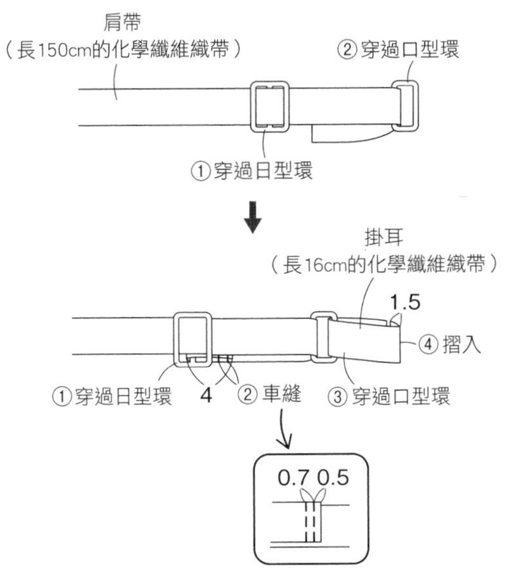
肩帶
（長150cm的化學纖維織帶）
②穿過口型環
①穿過日型環
掛耳
（長16cm的化學纖維織帶）
1.5
④摺入
①穿過日型環
4
②車縫
③穿過口型環
0.7 0.5

8 縫合肩帶・掛耳

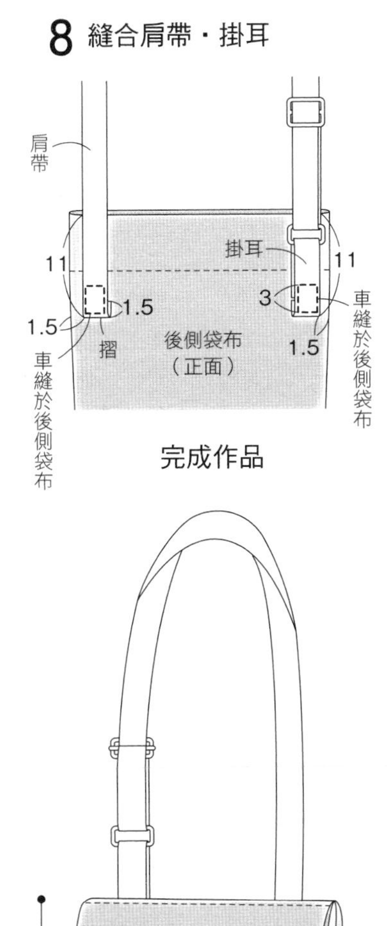
肩帶
掛耳
11
11
1.5
3
1.5
摺
後側袋布
（正面）
1.5
車縫於後側袋布
車縫於後側袋布
完成作品
約
25
17
8

P.37 NO.**17** 郵差包

材料

表布［8號帆布 富士金梅#8000 深藍（52）］寬85cm×80cm

拉鍊［長36cm）］1條

化學纖維織帶［寬4cm］160cm

日型環［寬4cm］1個

口型環［寬4cm］1個

人字帶［寬2cm］60cm

車線 30番　車針 16號

完成尺寸 高23cm 寬26cm 側身12cm

表布裁布圖

※○裡數字是縫份的尺寸。
除了指定之外，其餘縫份預留1cm。
※袋蓋的圓弧部分，請將原寸紙型放於邊角描繪弧度。

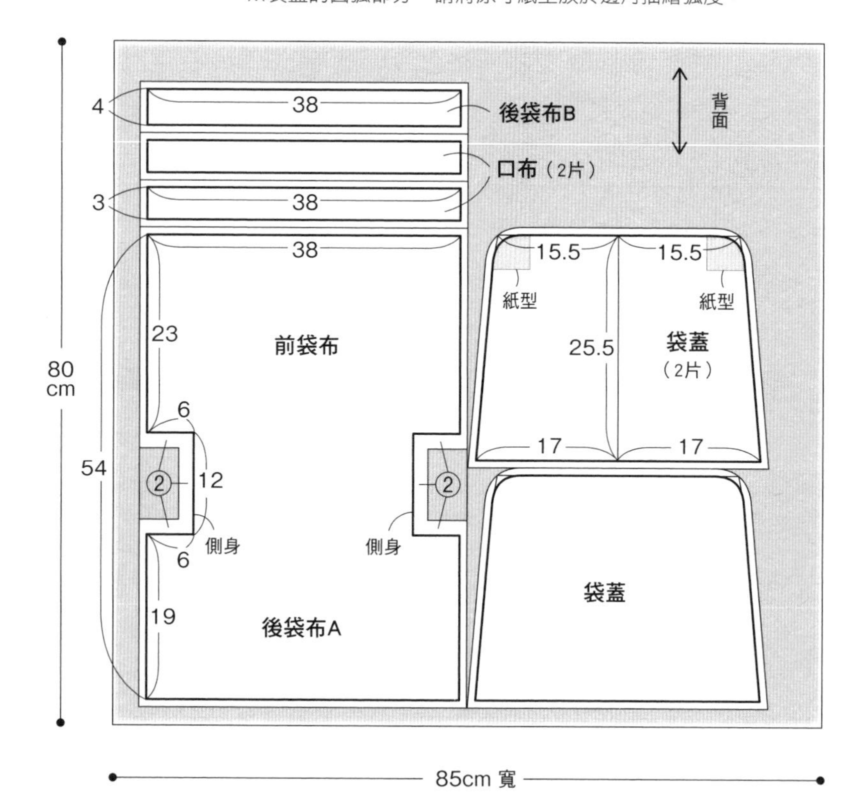

4
38
後袋布B
背面
口布（2片）
3
38
38
15.5
15.5
紙型
紙型
23
前袋布
25.5
袋蓋
（2片）
80
cm
6
54
②
12
②
17
17
側身
側身
6
袋蓋
19
後袋布A
85cm 寬

袋蓋圓弧的原寸紙型

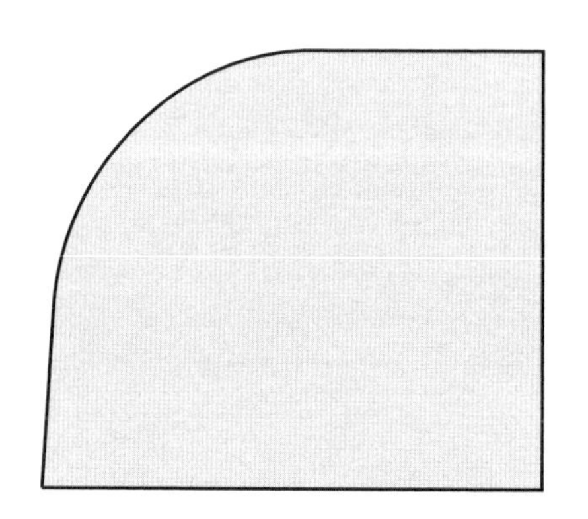

作法

1 製作袋蓋

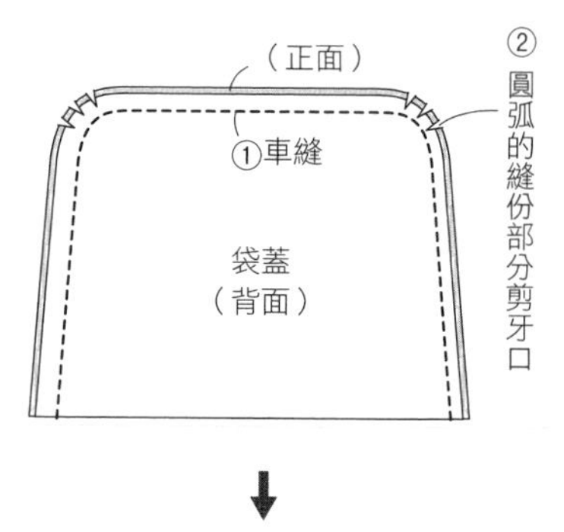

（正面）
②圓弧的縫份部分剪牙口
①車縫
袋蓋
（背面）

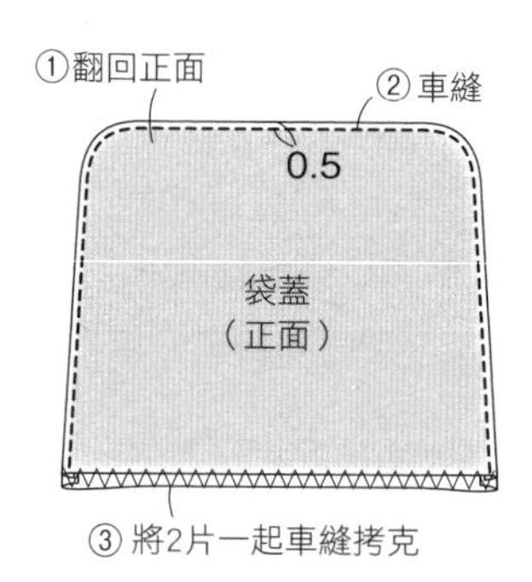

①翻回正面
②車縫
0.5
袋蓋
（正面）
③將2片一起車縫拷克

2 將袋蓋車縫固定於後袋布A

②後袋布A與袋蓋的中心對齊

③車縫

①車縫拷克

0.5

袋蓋

（正面）

後袋布A（正面）

3 縫合固定後袋布A・B

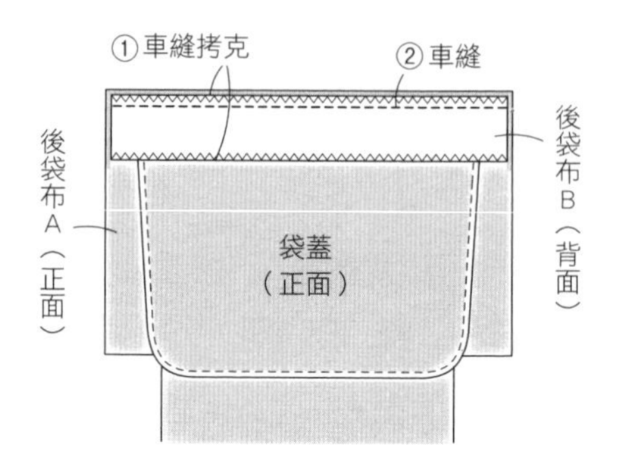

①車縫拷克
②車縫
後袋布A（正面）
後袋布B（背面）
袋蓋
（正面）

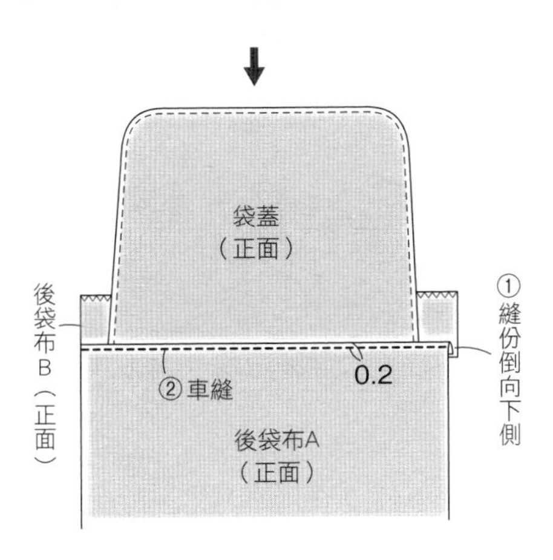
袋蓋
（正面）
後袋布B（正面）
①縫份倒向下側
②車縫
0.2
後袋布A
（正面）

4 縫合袋布的脇邊

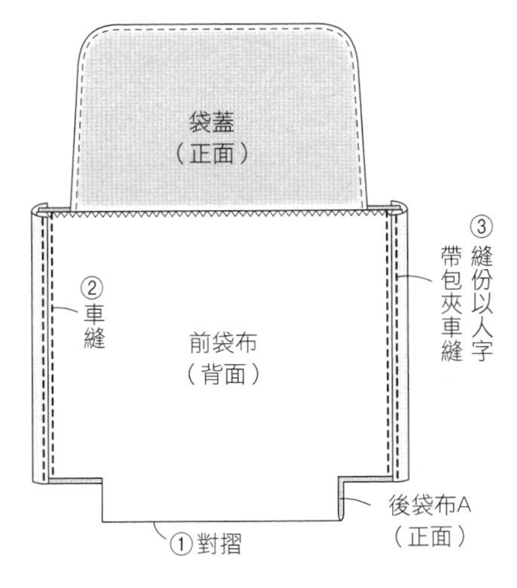
袋蓋
（正面）
②車縫
③縫份以人字帶包夾車縫
前袋布
（背面）
後袋布A
（正面）
①對摺

5 縫合側身

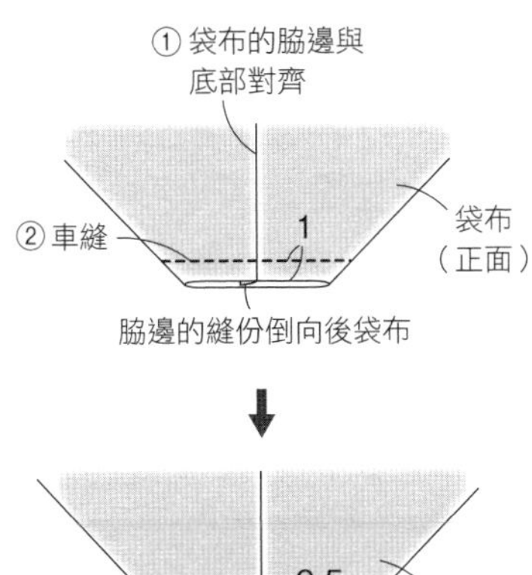
①袋布的脇邊與底部對齊
②車縫
1
袋布
（正面）
脇邊的縫份倒向後袋布

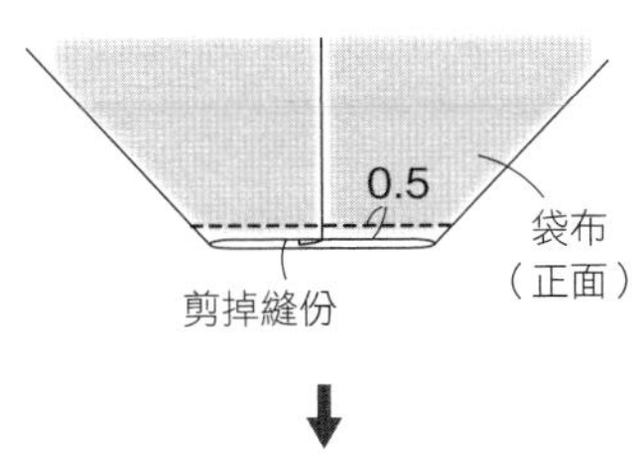
0.5
袋布
（正面）
剪掉縫份

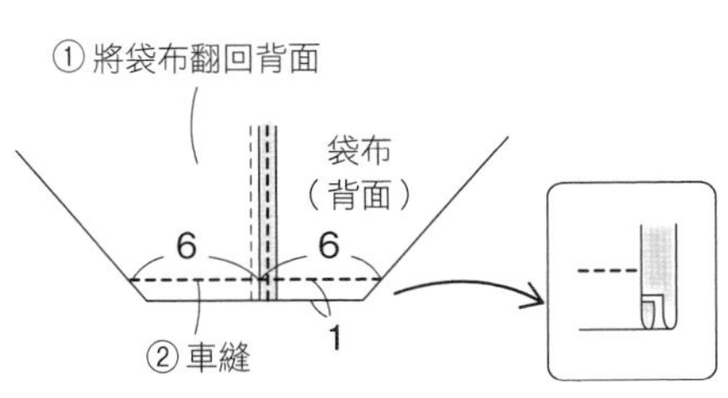
①將袋布翻回背面
袋布
（背面）
6
6
②車縫
1

6 將拉鍊縫合固定於口布

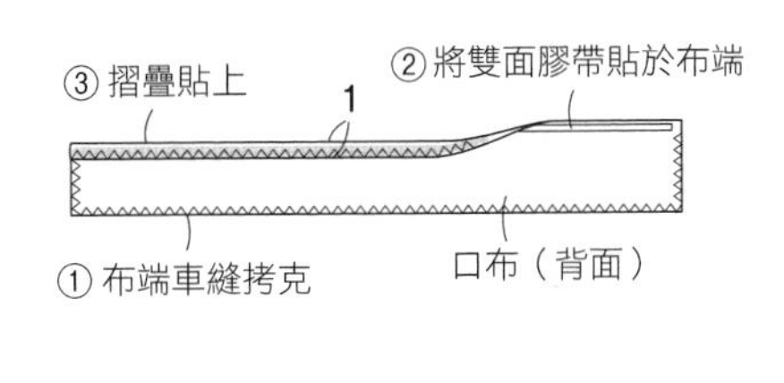
③摺疊貼上
②將雙面膠帶貼於布端
1
①布端車縫拷克
口布（背面）

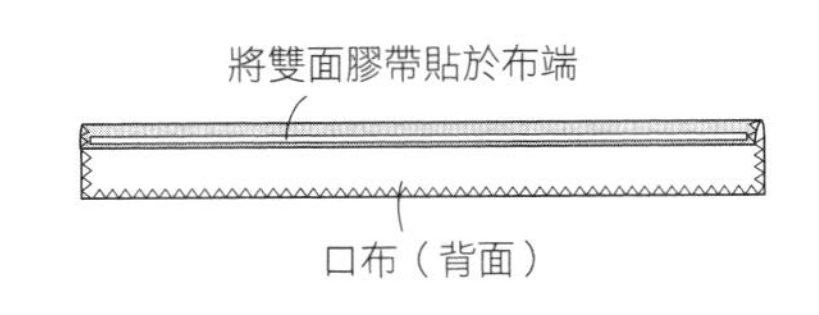
將雙面膠帶貼於布端
口布（背面）

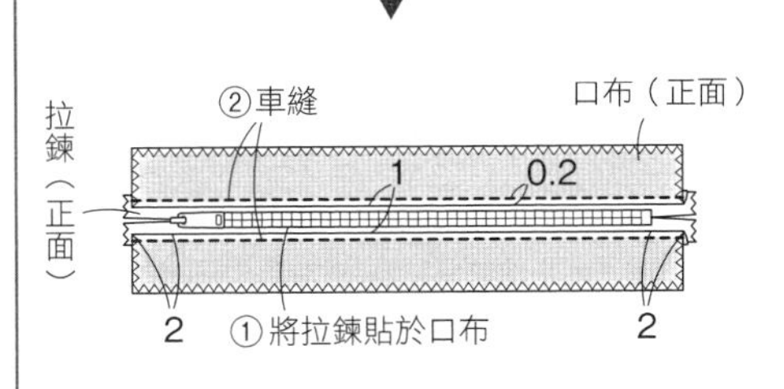
②車縫
口布（正面）
拉鍊（正面）
1
0.2
2
①將拉鍊貼於口布
2

7 縫合口布的脇邊

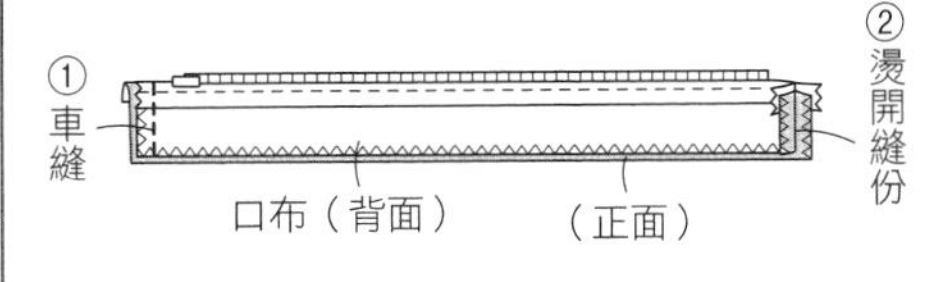
①車縫
②燙開縫份
口布（背面）
（正面）

8 製作肩帶・掛耳

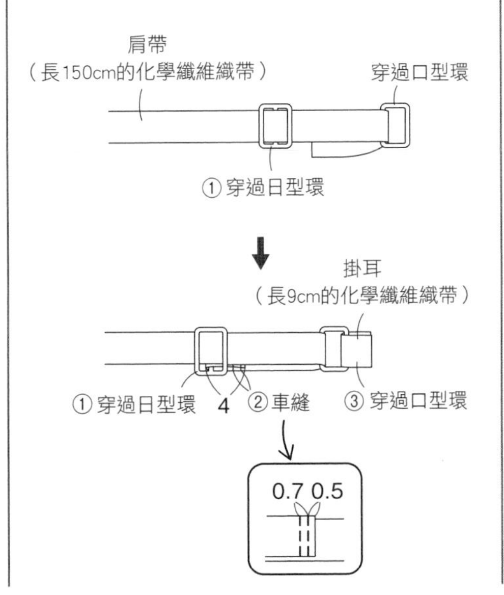
肩帶
（長150cm的化學纖維織帶）
穿過口型環
①穿過日型環
掛耳
（長9cm的化學纖維織帶）
①穿過日型環
4
②車縫
③穿過口型環
0.7 0.5

9 縫合固定肩帶・標籤

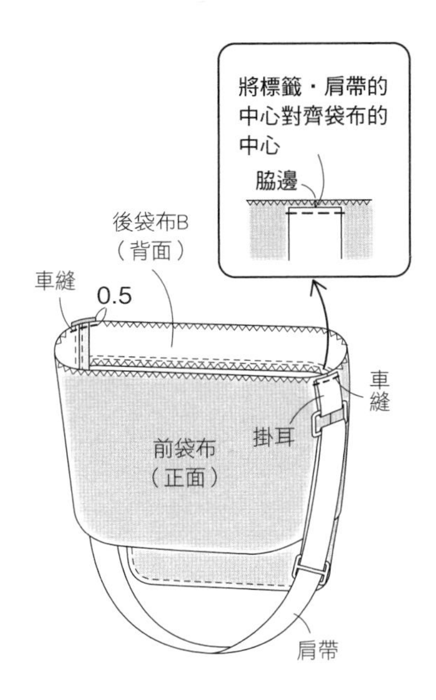
將標籤・肩帶的中心對齊袋布的中心
脇邊
後袋布B
（背面）
車縫
0.5
車縫
掛耳
前袋布
（正面）
肩帶

10 縫合口布

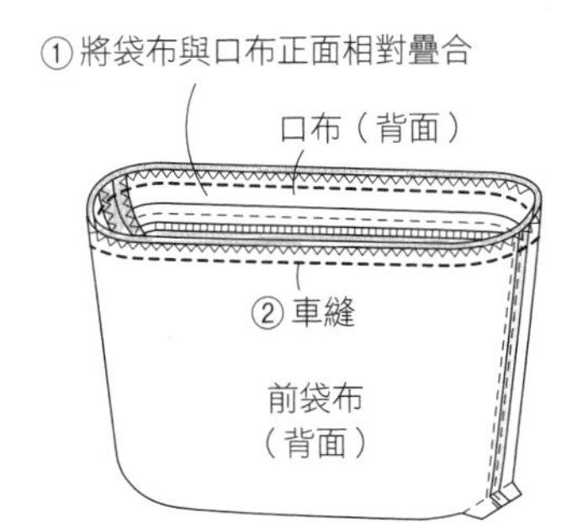
①將袋布與口布正面相對疊合
口布（背面）
②車縫
前袋布
（背面）

完成作品

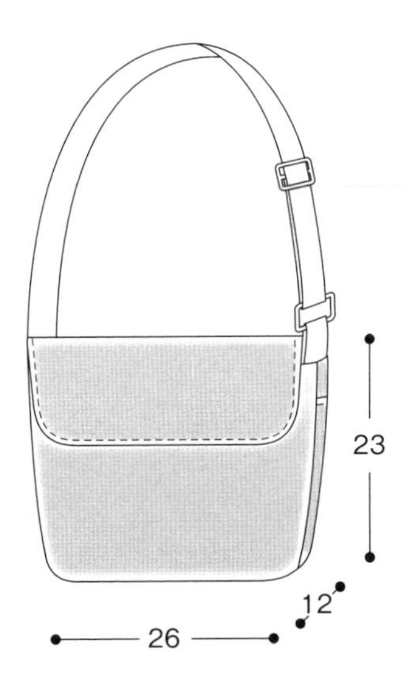
23
12
26

P.38 NO.18 小提包

材料
表布［8號帆布 富士金梅#8000 韓紅色（45）］寬90cm×90cm
人字帶［寬2cm］180cm

車線 30番　車針 14號

完成尺寸 高25cm 寬24cm 側身14cm

表布裁布圖

※○裡數字是縫份的尺寸。除了指定之外，其餘縫份預留1cm。
※袋蓋的圓弧部分，請將原寸紙型放於邊角描繪弧度。

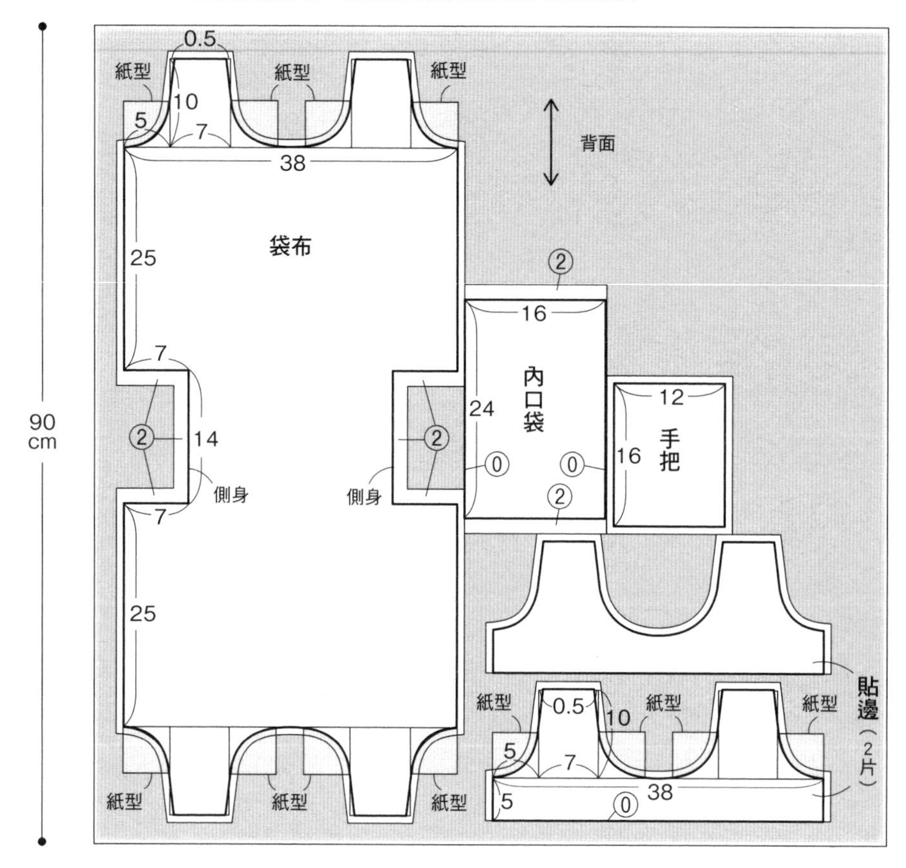

0.5
紙型
紙型
紙型
10
5
7
38
背面
袋布
25
②
16
7
內口袋
24
12
90 cm
②
14
②
⓪
⓪
16
手把
側身
側身
②
7
25
貼邊（2片）
紙型
0.5
10
紙型
紙型
5
7
38
紙型
紙型
紙型
5
⓪

90cm寬

圓弧的原寸紙型

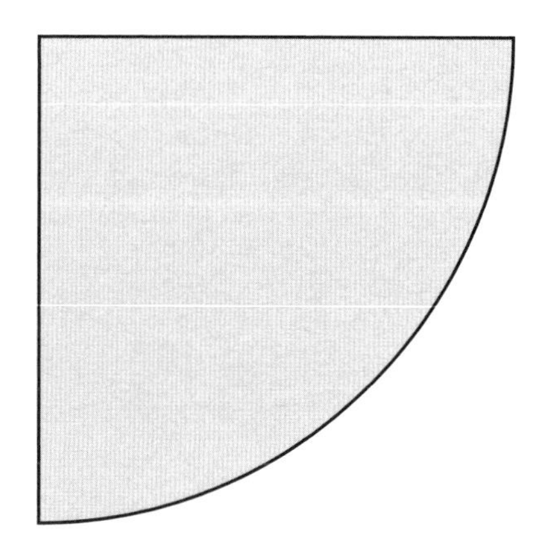

作法

1 縫合袋布的脇邊

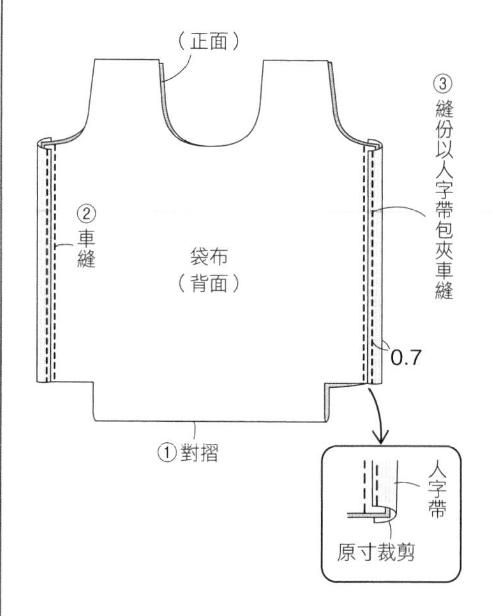

（正面）
③縫份以人字帶包夾車縫
②車縫
袋布（背面）
0.7
①對摺
人字帶
原寸裁剪

2 縫合側身

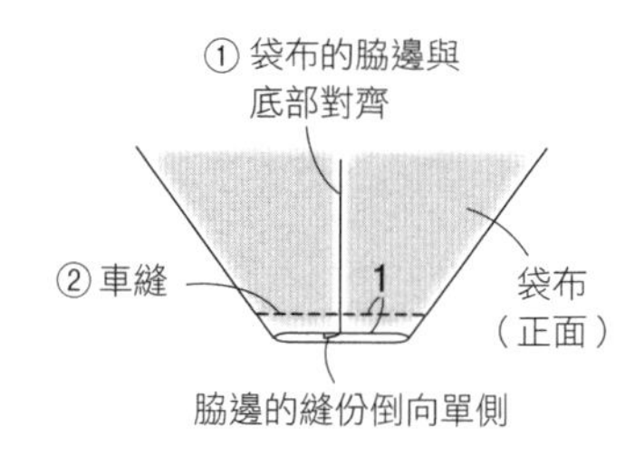

①袋布的脇邊與底部對齊
②車縫
1
袋布（正面）
脇邊的縫份倒向單側

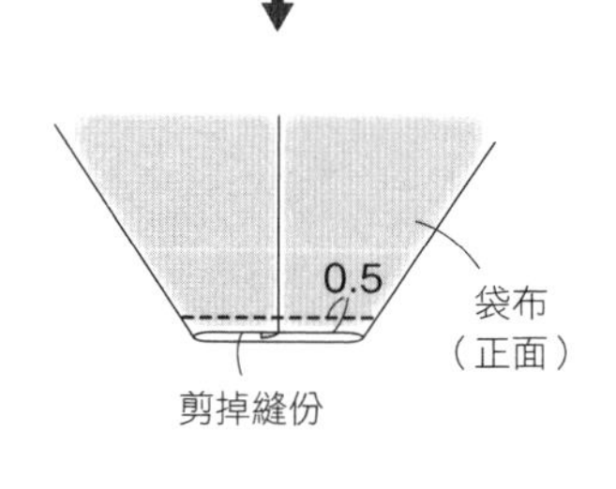

0.5
袋布（正面）
剪掉縫份

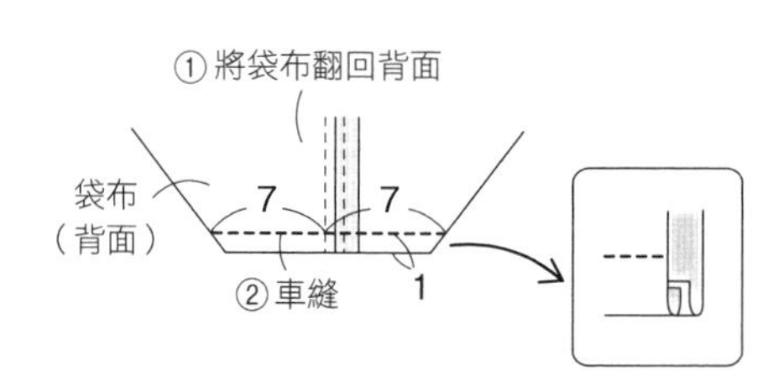

①將袋布翻回背面
袋布（背面）
7
7
②車縫
1

3 製作貼邊

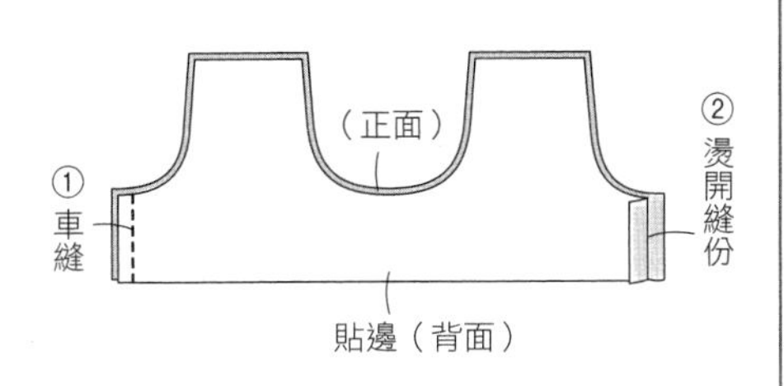

（正面）
①車縫
②燙開縫份
貼邊（背面）

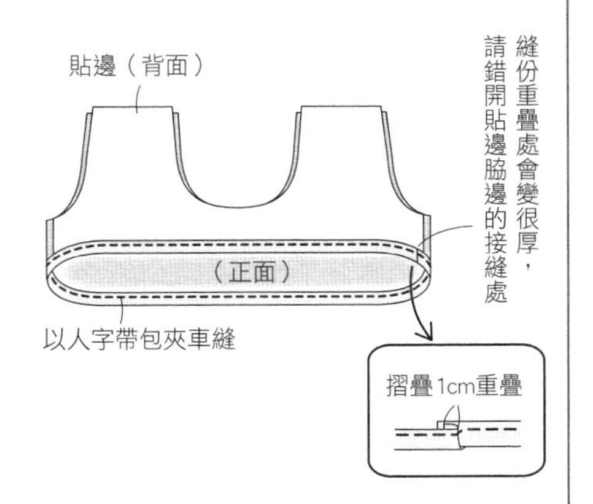

貼邊（背面）
縫份重疊處會變很厚，請錯開貼邊脇邊的接縫處
（正面）
以人字帶包夾車縫
摺疊1cm重疊

4 製作內口袋

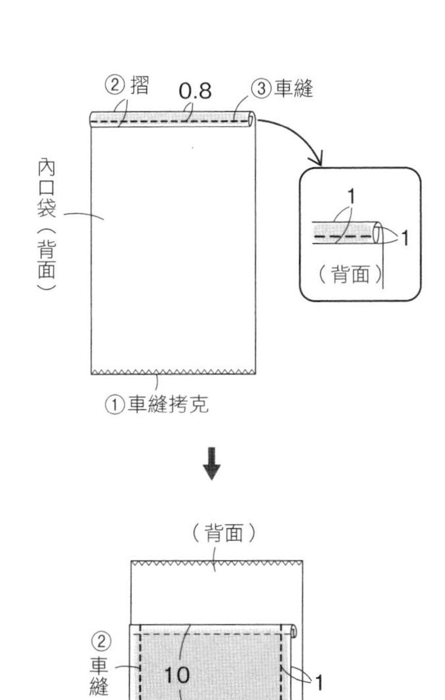

②摺
0.8
③車縫
內口袋（背面）
1
1
（背面）
①車縫拷克
（背面）
②車縫
10
1
①摺
內口袋（正面）

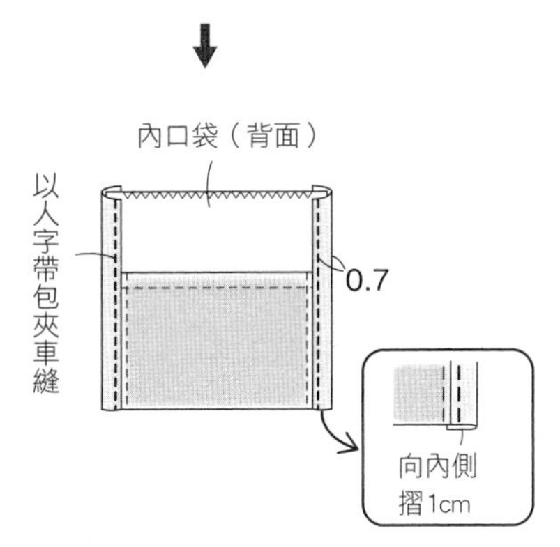

內口袋（背面）
以人字帶包夾車縫
0.7
向內側摺1cm

5 將內口袋縫合於貼邊

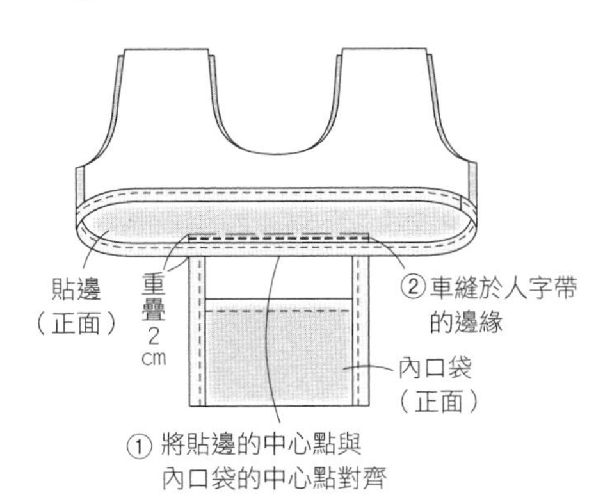

貼邊（正面）
重疊2cm
②車縫於人字帶的邊緣
內口袋（正面）
①將貼邊的中心點與內口袋的中心點對齊

6 縫合貼邊

①袋布與貼邊的袋口對齊
貼邊（背面）
②車縫
袋布（正面）

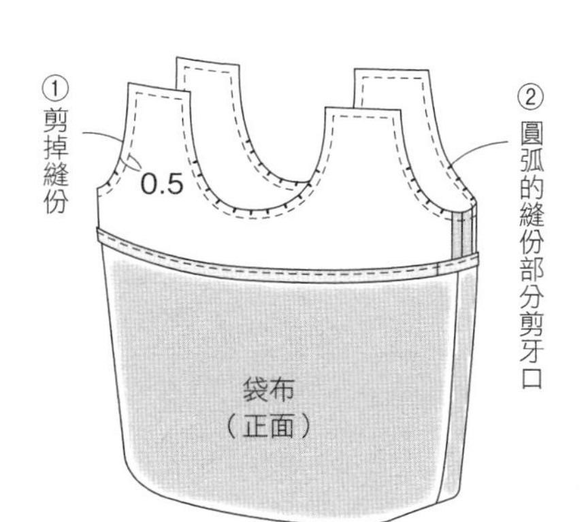

①剪掉縫份
0.5
②圓弧的縫份部分剪牙口
袋布（正面）

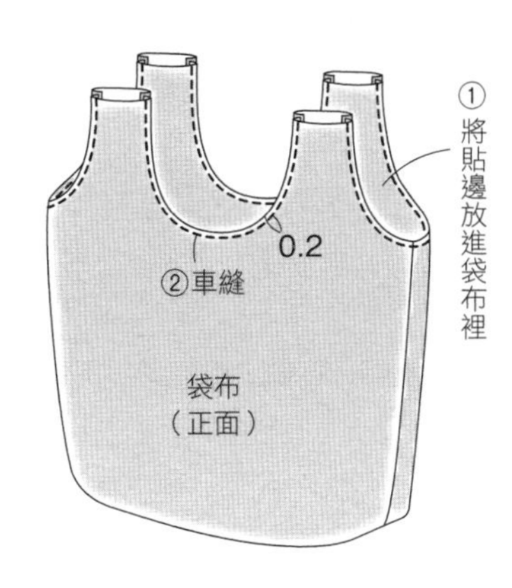

①將貼邊放進袋布裡
0.2
②車縫
袋布（正面）

7 製作手把

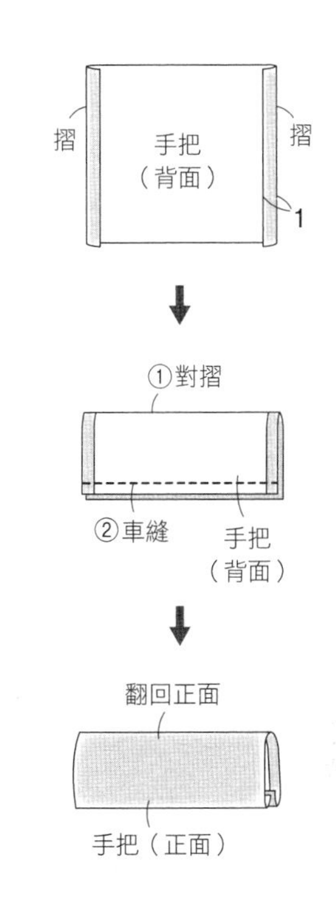

摺
手把（背面）
摺
1
①對摺
②車縫
手把（背面）
翻回正面
手把（正面）

8 縫合手把

完成作品

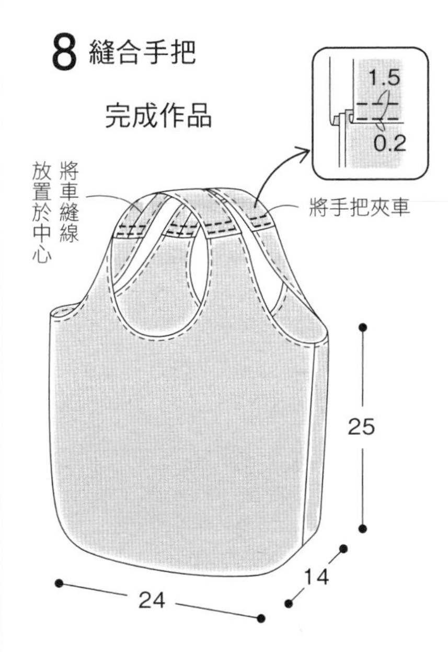

1.5
0.2
將車縫線放置於中心
將手把夾車
25
24
14

P. 39 NO.19 三角包

材料
表布［調色盤系彩色帆布（11號）BK］寬110cm×60cm
表布［調色盤系彩色帆布印花（11號）圓點圖案］
寬100cm×60cm
棉織帶［寬1cm］60cm

車線 30番 車針 14號

完成尺寸 高41cm 寬34cm 側身8cm

表布裁布圖

※○裡數字是縫份的尺寸。
除了指定之外，其餘縫份預留1cm。

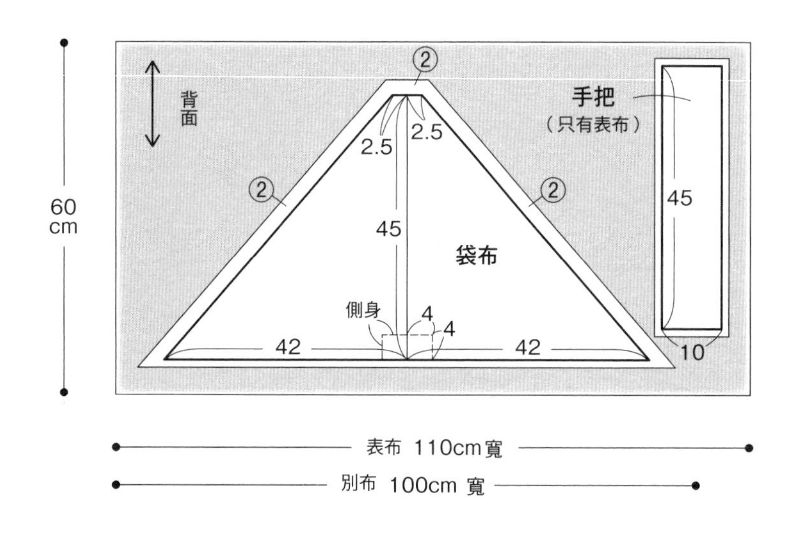

60 cm
背面
②
手把
（只有表布）
2.5
2.5
45
45
袋布
側身
4
4
42
42
10
表布 110cm寬
別布 100cm 寬

作法

1 縫合袋布的袋口

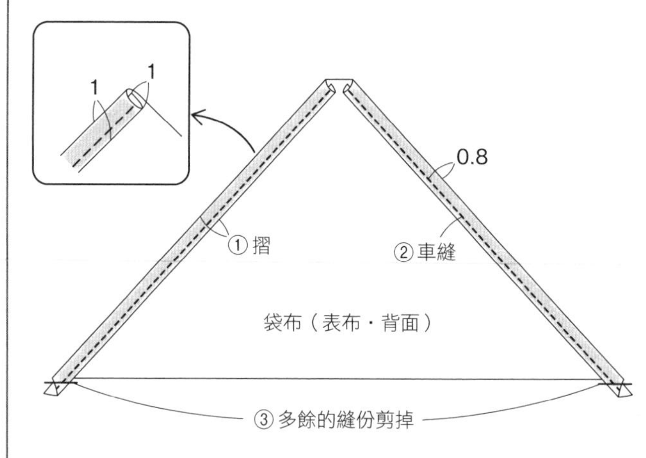

1
1
0.8
① 摺
② 車縫
袋布（表布・背面）
③ 多餘的縫份剪掉

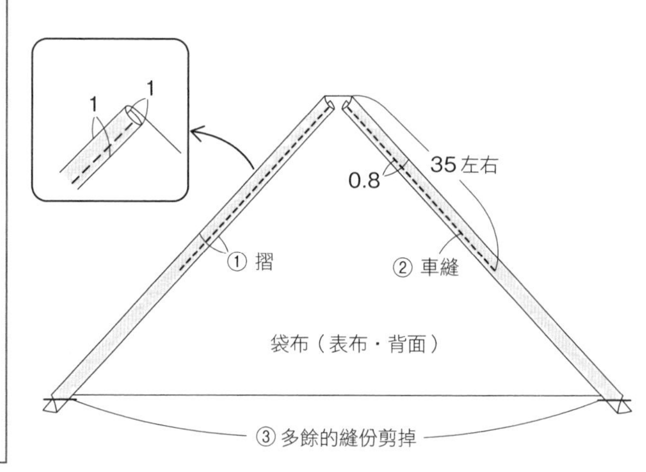

1
1
35左右
0.8
① 摺
② 車縫
袋布（表布・背面）
③ 多餘的縫份剪掉

2 將2片袋布縫合固定

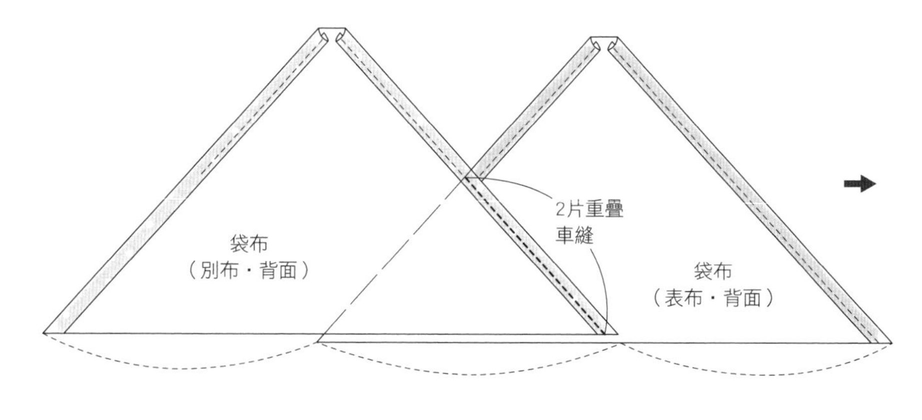

2片重疊車縫
袋布（別布・背面）
袋布（表布・背面）

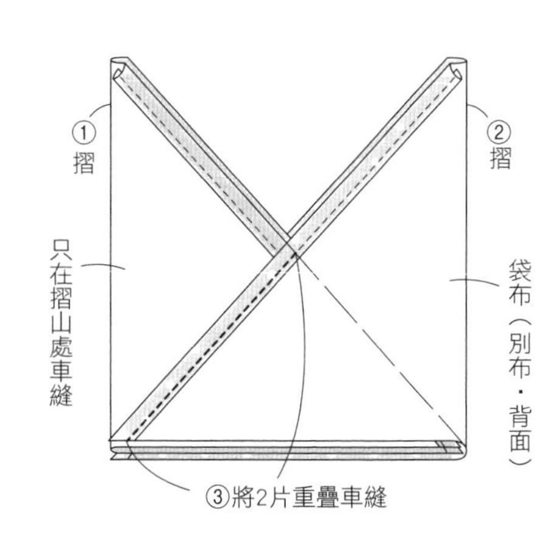

① 摺
② 摺
只在摺山處車縫
袋布（別布・背面）
③將2片重疊車縫

3 縫合袋布的底部

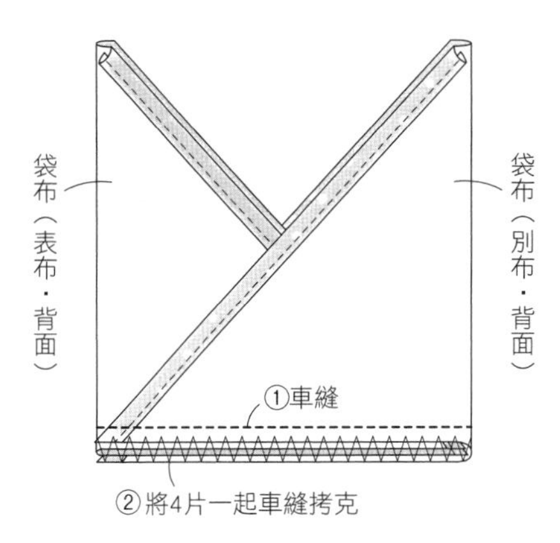
袋布（表布・背面）
袋布（別布・背面）
①車縫
②將4片一起車縫拷克

4 製作手把

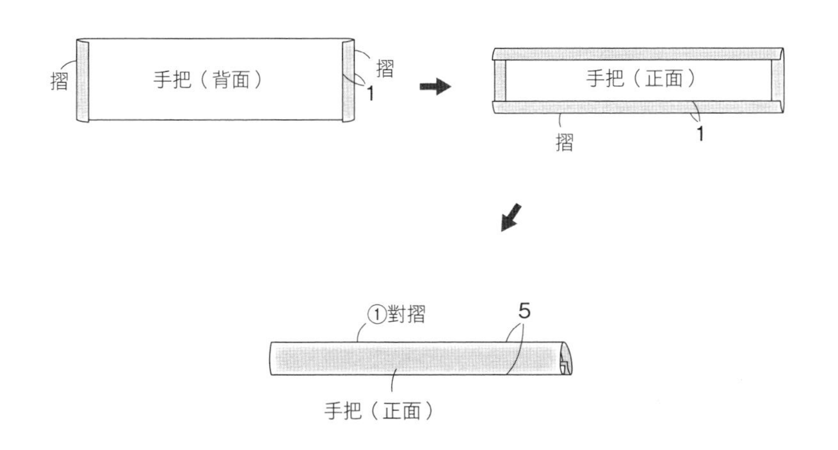
摺
手把（背面）
摺
1
手把（正面）
摺
1
①對摺
5
手把（正面）

5 縫合手把

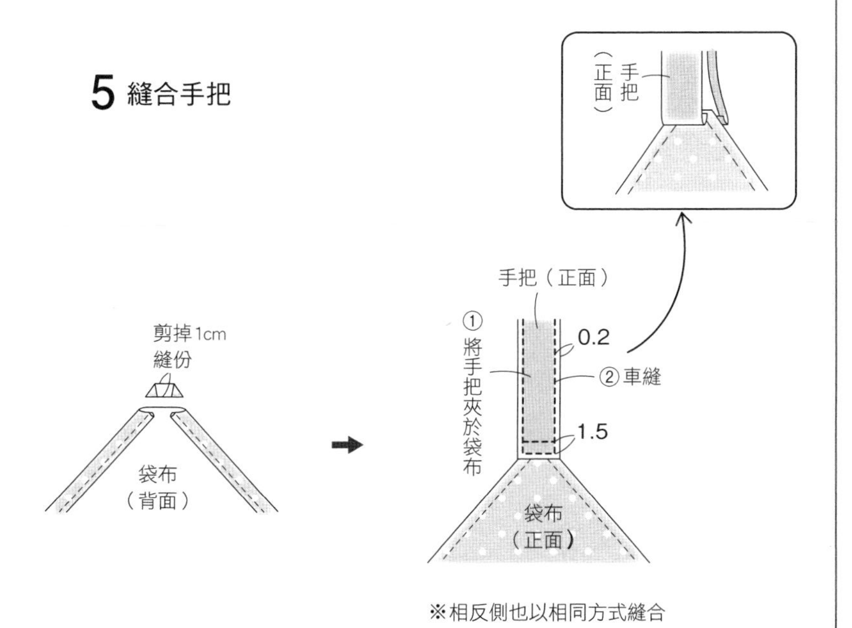
手把（正面）
剪掉1cm縫份
袋布（背面）
手把（正面）
①將手把夾於袋布
0.2
②車縫
1.5
袋布（正面）

※相反側也以相同方式縫合

6 縫合側身

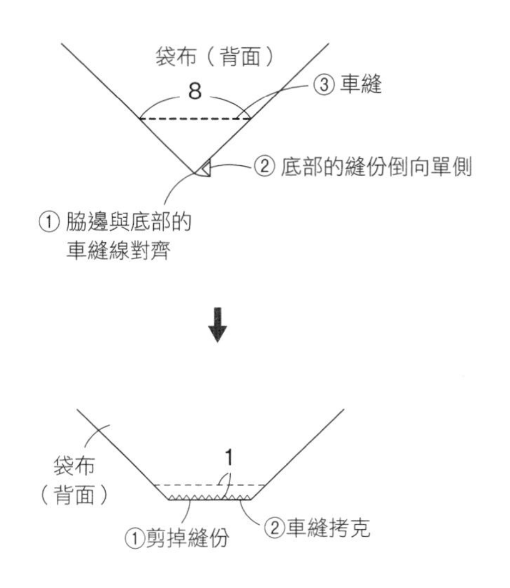
袋布（背面）
8
③車縫
②底部的縫份倒向單側
①脇邊與底部的車縫線對齊
袋布（背面）
1
①剪掉縫份
②車縫拷克

7 於袋口縫合棉織帶

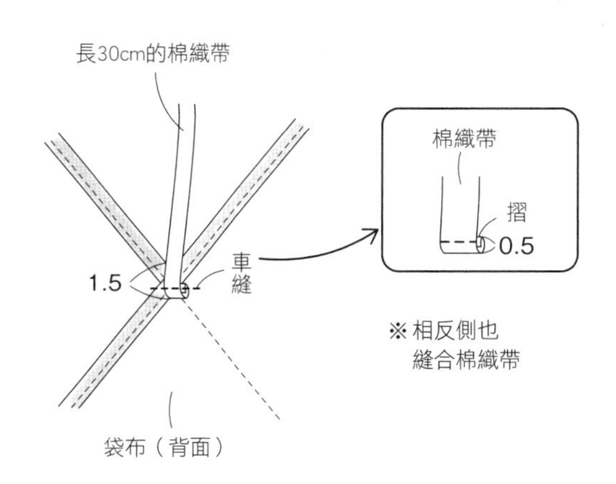
長30cm的棉織帶
棉織帶
摺
0.5
1.5
車縫
袋布（背面）

※相反側也縫合棉織帶

完成作品

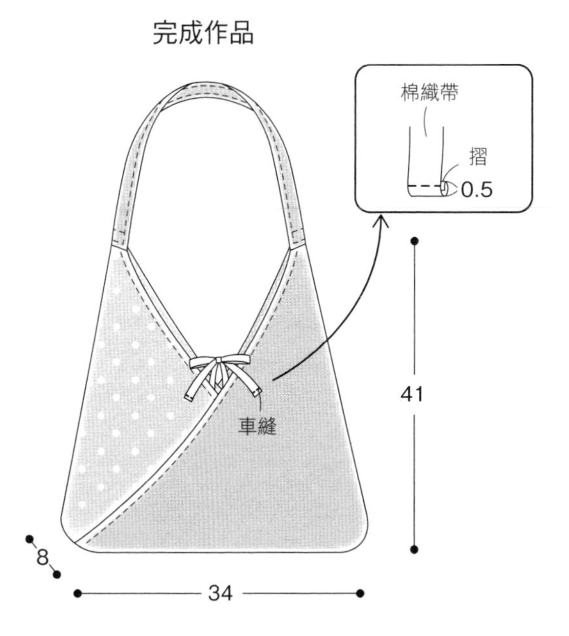
棉織帶
摺
0.5
41
車縫
8
34

P. 28 NO.14 原寸紙型

※原寸紙型並未預留縫份。請依照裁布圖的指定尺寸，預留縫份裁剪。

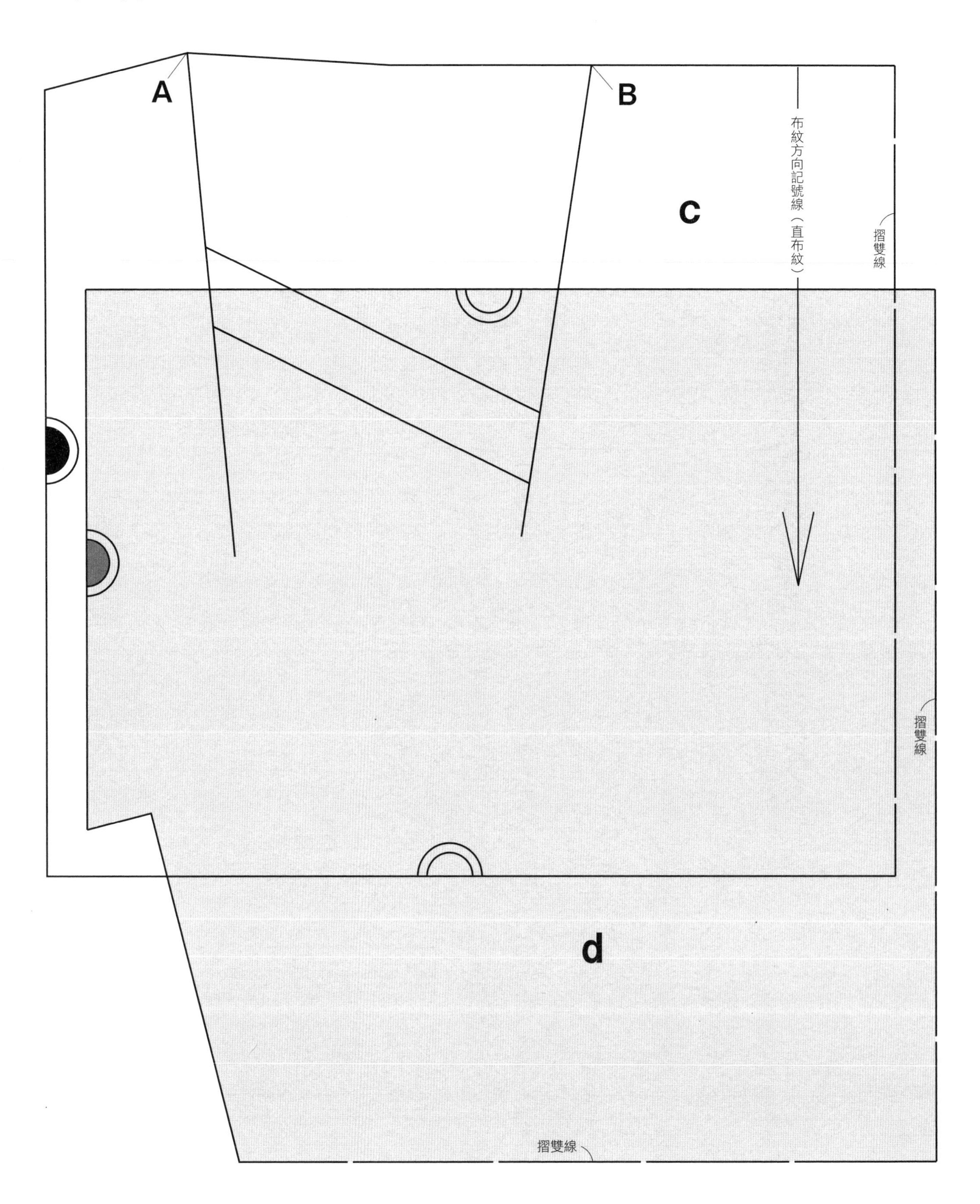
A
B
C
布紋方向記號線（直布紋）
摺雙線
摺雙線
d
摺雙線

【Fun手作】123

自然最好！車縫就OK

每一天都想背的自然風帆布包

授　　權／BOUTIQUE-SHA
譯　　者／駱美湘
發 行 人／詹慶和
總 編 輯／蔡麗玲
執行編輯／黃璟安
編　　輯／蔡毓玲・劉蕙寧・陳姿伶・李宛真
執行美編／韓欣恬
美術編輯／陳麗娜・周盈汝
內頁編排／造極彩色印刷
出 版 者／雅書堂文化事業有限公司
發 行 者／雅書堂文化事業有限公司
郵撥帳號／18225950　戶名：雅書堂文化事業有限公司
地　　址／新北市板橋區板新路206號3樓
網　　址／www.elegantbooks.com.tw
電子郵件／elegant.books@msa.hinet.net
電　　話／(02)8952-4078
傳　　真／(02)8952-4084

2018年6月初版一刷　定價 380 元

Lady Boutique Series No.4460
KATEIYOU MACHINE DE NUERU OKINIIRI NO HANPU BAG

經銷／易可數位行銷股份有限公司
地址／新北市新店區寶橋路235巷6弄3號5樓
電話／(02)8911-0825
傳真／(02)8911-0801

國家圖書館出版品預行編目(CIP)資料

自然最好！車縫就OK：每一天都想背的自然風帆布包 / BOUTIQUE-SHA授權；駱美湘譯.
-- 初版. -- 新北市：雅書堂文化, 2018.06
面；　公分. -- (Fun手作 ;123)
ISBN 978-986-302-431-6(平裝)

1.手提袋　2.手工藝

426.7　　107007590

Staff

編輯 / 井上真實 、松岡陽子
攝影 / 久保田あかね
作法攝影 / 腰塚良彥
書籍設計 / sugar mountain（中山夕子）
髮型化妝 / イワイデナオ
模特兒 / 千步
製圖 / 小崎珠美
製作校閱 / 關口恭子

攝影協助

AWABEES

服裝協助

アトリエドゥサボン
ビュルデサボン
パーリッシィ